概况

AMA

宁夏

中国概况

中国概况
PANORAMA

宁 夏

蔡国英　主编

外文出版社
FOREIGN LANGUAGES PRESS

宁夏回族自治区地处中国广袤的西部。这里水道纵横，土地富饶，民风淳朴，物华天宝。在这 6.64 万平方公里的土地上，生活着 660 万回汉各族人民，彼此水乳交融，与环境和谐共生。宁夏简称宁，位于中国版图南北中轴的北段，东部与陕西省接壤，西北与内蒙古自治区毗邻，西南与甘肃省链接。地理南北长东西宽，形似橄榄。中华母亲河黄河宛如一条玉带，自南而北奔流不息，世代哺育着宁夏平原。

黄河流经宁夏平原。

开放宁夏，胸怀五洲，实现梦想。宁夏虽身居内陆，却从来就不是一个封闭的所在。随着一系列国家级战略的提出和实施，宁夏迎来了丝绸之路经济带战略支点建设、内陆开放型经济试验区、西部大开发等重要机遇叠加的“黄金发展期”。中阿博览会作为国家西进战略的“桥头堡”，已成为中国与阿拉伯国家及世界穆斯林地区全面合作的重要国际平台。2012 年，国务院正式批复宁夏成为首个内陆开放型经济试验区，2013 年银川综合保税区封关运营，中阿陆上、网上、空中丝绸之路，以及中阿人

前言

文交流、贸易投资便利化和金融合作示范区打造，都昭示着这片沃土正焕发出新的生机和活力。向西，扩大中阿合作，开拓国际市场；向东，承接产业转移，深耕国内市场。宁夏，正以其鲜明的地域特色及前所未有的自信和气魄敞开怀抱，迎接世界各地的客商来宁投资置业，实现自己的梦想。

富裕宁夏，创新升级，大有可为。“黄河百害，惟富一套”。宁夏依靠黄河的惠泽，引黄灌区绿色葱茏，稻浪翻滚，鱼肥林茂，瓜果飘香的胜景年年都有，古今素有“塞上江南”的美誉。宁夏是中国四大灌区和12个商品粮基地之一，粮食加工、绒毛皮加工、肉奶制品、葡萄酿酒等已逐步形成产业优势。宁夏的煤炭、油气资源丰富，煤炭资源探明储量319亿吨，远景储量超过2000亿吨，分别居全国第6位和第5位。宁夏已经成为国家重要的大型煤炭基地、西电东送火电基地和煤化工产业基地，正在规划建设国家大型能源加工转化和储备基地。同时，太阳能、风能资源丰富，是国家确定的新能源综合利用示范区。工业经济发展喜人，大企业“顶天立地”、中小微企业“铺天盖地”的发展格局正在形成。基于良好的资源禀赋、和谐的社会环境、人人谋发展的思想共振，宁夏自治区党委和政府提出建设富裕宁夏的可期目标，从而稳步实现与全国同步进入全面小康社会奋斗目标。2014年，全区生产总值达到2752.1亿元，比上年增长8%，5年

俯瞰宁夏平原

年均增长11%。人均生产总值达到41834元。地方公共预算收入达到339.9亿元，比上年增长10.2%，5年年均增长24.9%。全社会固定资产投资规模达到3201亿元，比上年增长19.4%，5年年均增长23.4%。城镇居民和农村常住居民人均可支配收入分别达23285元和8410元，同比分别增长8.4%和10.7%。宁夏，正向通往富裕生活的康庄大道努力奋进。

和谐宁夏，民族团结，铸就典范。作为中国五个少数民族自治区之一，宁夏自古就是穆斯林群众的福地。目前，宁夏是中国最大的回族聚居区，被称为中国的“穆斯林省”，穆斯林群众230多万，超过全区总人口的1/3，占全国回族总人口的1/5。宁夏境内共有近4000座清真寺，清真寺作为回族的符号性建筑，体现了回族人“围寺而居”的特点，也是深入了解回族传统和信仰的地方。宁夏已成为全国民族团结的典范，《民族区域自治法》自1984年实施以来，宁夏先后制定并实施了150多部地方性法规，使民族自治权利更加具体化。多年来，宁夏坚持“共同团结奋斗、共同繁荣发展”主题，创造性地贯彻落实党的各项民族政策。在宁夏，民族区域自治的优越性得到了充分体现，回族的宗教信仰和风俗习惯得到切实尊重，宗教和顺、民族和睦、社会稳定，宁夏各族群众同心同德、同心同向、同心同行，为建设开放、富裕、和谐、美丽新宁夏、实现与全

国同步进入全面小康社会而奋斗。

美丽宁夏，静谧幸福，钟灵毓秀。宁夏，既有漠北边塞的雄奇，又展现江南水乡的秀美。水洞沟遗址是中华史前文明的缩影，神秘奇特的西夏王陵是大夏国兴衰的历史见证，风光旖旎的沙湖旅游区是中国35个王牌景点之一，治沙典范“沙坡头风景区”受到联合国的表彰，雄伟瑰丽的六盘高峰因“不到长城非好汉”的壮美诗句而声名远播。“清真寺泱泱数千，风格别样；商住区鳞次栉比，遍布城乡。回乡花儿百年，蜂飞蝶舞；汉地秦腔千载，激越高亢。”2008年，在《中国国家地理》十大新天府评选活动中，宁夏平原榜上有名。如今，仅“塞上湖城”首府银川湿地面积已达到4.7万多公顷，大大小小的自然湖泊近200个。优美的自然环境，良好的社会环境，极富感染力的人文环境，让宁夏以其独特的魅力，释放出空前的活力，屹立于中国西部。

一个宁夏“一座城”。2015年，宁夏回族自治区第十一届人民代表大会通过的《宁夏空间发展战略规划》把宁夏当作一个大城市来规划建设。大河惠泽，依水而居，未来的宁夏将是“一座城”，开放、富裕、和谐、美丽宁夏的金色梦想正在悄然走出蓝图，变成现实。

石嘴山市星海湖

目录

第一章
基本概况 / 001

地理位置 / 自治区区花 / 历史沿革 / 文明轨迹 / 地形地貌 / 区域特点 / 气候 / 自然资源 / 人口及民族

第二章
行政区划与主要城市 / 019

碧水蓝天 明媚银川——银川市 / 山水园林 重工基地——石嘴山市 / 滨河回乡 水韵吴忠——吴忠市 / 红色六盘 绿色固原 避暑胜地——固原市 / 沙漠水城 花儿杞乡——中卫市 / 城市交通与通讯

第三章
经济发展 / 031

综合实力 / 特色产业 / 名优特产 / 投资平台 / 人才队伍建设和引智工作

第四章
环境风光 / 067

生态环境 / 旅游资源 / 自驾游线路

第五章
教育科技 / 109

教育事业 / 科技发展 / 体育运动

第六章
社会生活 / 109

风俗习惯 / 特色饮食 / 劳动就业与社会保障 / 新农村建设

第七章
多彩文化 / 125

四大主流文化 / 标志性建筑 / 文艺精品 / 新闻出版

第八章
内陆开放型经济试验区 / 149

重要意义 / 发展目标 / 发展思路 / 建设任务

第九章
中阿博览会 / 159

服务外交 / 推动发展 / 人文交流 / 提升形象

第十章
加强建设开放宁夏
打造丝绸之路经济带战略支点 / 169

工业领域 / 农业领域 / 服务业领域 / 大力营造发展环境 / 扩大对外开放

附录 / 176

悠久的历史、多样的地貌、丰富的自然资源、独特的民俗，构成了宁夏多姿多彩的自然与人文景观。这里有绵延不绝的贺兰山、六盘山，奔腾不息的九曲黄河，浩瀚无垠的沙漠和草原，有被称为东方金字塔的西夏王陵、须弥山石窟，以及独具特色的回族风情。所有这些在宁夏这块神奇的土地上交相辉映，显示了无穷的魅力。

第一章

基本概况

- 地理位置
- 自治区区花
- 历史沿革
- 文明轨迹
- 地形地貌
- 区域特点
- 气候
- 自然资源
- 人口及民族

地理位置

宁夏回族自治区，简称宁，是中国五大自治区之一，位于北纬 35° 14′ ~ 39° 23′，东经 104° 17′ ~ 107° 39′ 之间。宁夏处在中国西部的黄河上游地区，东邻陕西省，西部、北部接内蒙古自治区，南部与甘肃省相连。宁夏疆域轮廓南北长、东西短，南北相距约 456 公里，东西相距约 250 公里，总面积为 6.64 万平方公里，是中国面积最小的省区之一。

宁夏回族自治区成立于 1958 年 10 月 25 日。悠久的历史、多样的地貌、丰富的自然资源、独特的民俗，构成了宁夏多姿多彩的自然与人文景观。这里有绵延不绝的贺兰山、六盘山，奔腾不息的九曲黄河，浩瀚无垠的沙漠和草原，有被称为东方金字塔的西夏王陵、须弥山石窟，以及独具特色的回族风情。所有这些在宁夏这块神奇的土地上交相辉映，显示了无穷的魅力。在 2008 年《中国国家地理》杂志社发起的圈点新天府活动中，美丽而富饶的宁夏平原跻身中国“十大新天府”。

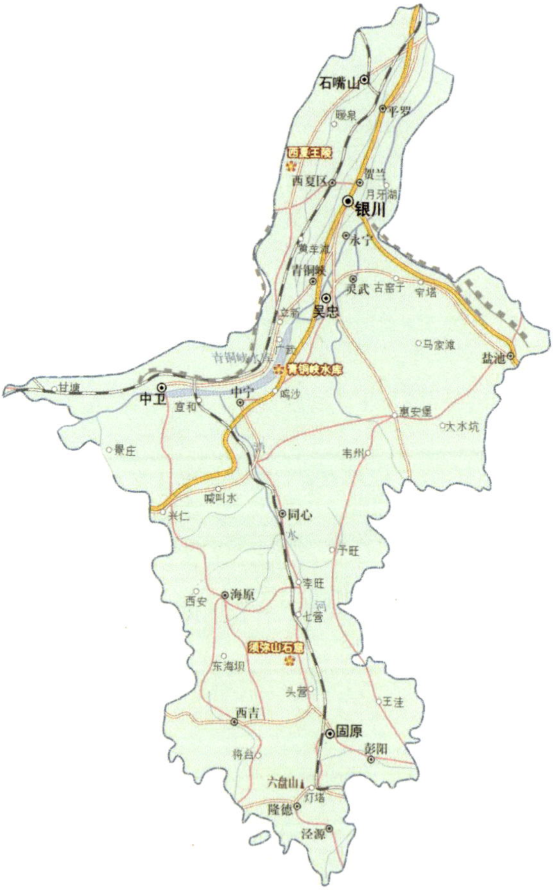

自治区区花

马兰花，又名蝴蝶兰，宿根草本野生花卉，在宁夏回族自治区分布广泛。花淡蓝紫色，香味扑鼻，虽普通却很美丽，每年 4 ~ 6 月为花期。耐干旱、盐碱，可固沙，适应中国西北气候，生命力非常旺盛，近年逐渐被用作园林绿化。马兰花现为宁夏区花，也是首府银川市市花。

历史沿革

宁夏是中华民族远古文明发祥地之一。境内灵武市的“水洞沟遗址”表明，早在三万年前的旧石器时代，就有人类在此生息繁衍。公元前三世纪，秦始皇统一六国后，在此设北地郡，派兵屯垦，兴修水利，开创了引黄灌溉的历史。公元 1038 年，党项族首领李元昊以今宁夏区域为中心，建立大夏国，历史上称为西夏，定都兴庆府（今银川市），形成了与宋、辽、金政权四足并立 189 年的局面，后被蒙古所灭。元朝在此置宁夏路，始有宁夏之名。明朝设宁夏卫，清代设宁夏府。1929 年成立宁夏省。新中国成立后，1954 年宁夏省撤销并入甘肃。1958 年 10 月 25 日成立宁夏回族自治区。

党项族人

西夏鎏金铜牛

文明轨迹

水洞沟遗址

宁夏地处黄河上游，因得灌溉之利、风光独特、物产丰富而被誉为“塞上江南”。宁夏地域面积虽然只有6.64万平方公里，但由于区位独特，历史悠久，民族众多，开发较早，文化多元，堪称华夏主流文化——远古文明、黄河文明的源头，是多元一体中华民族文化的发祥地之一。宁夏的历史文化背景悠久，境内广泛分布着旧石器文化和新石器文化遗址，尤其是水洞沟遗址的发现，结束了长期以来国外学者认为中国没有旧石器文化的论断。宁夏南部的六盘山与泾水流域历史悠久，文物古迹驰名中外。

小链接

六盘山下的朝那湫渊（彭阳县古城）是秦汉时期国家法定祭祀的地方，秦始皇、汉武帝都曾来此祭祀，汉唐以来盛而不衰。

水洞沟遗址

地形地貌

宁夏地跨黄土高原和内蒙古高原，地势南高北低。地形以山地、高原为主，约占全区面积的3/4，平原占1/4强。地貌复杂，山地叠起，盆地错落，大体可分为黄土高原、鄂尔多斯台地、洪积

宁夏南部山区地貌

冲积平原和六盘山、大罗山、贺兰山南中北三段山地，平均海拔 1000 米以上。全区从南向北表现出由水蚀地貌向风蚀地貌过渡的特征。贺兰山阻挡了西来浅层冷空气东移和腾格里沙漠东侵，是宁夏平原的天然屏障。地表形态的多样化，为自治区的经济发展提供了不同的条件。

区域特点

根据自然环境的特点，宁夏被划分为北部引黄灌区、中部干旱带和南部山区三个区域。

北部引黄灌区 宁夏平原海拔1100～1200米，黄河自中卫入境，地势从西南向东北逐渐倾斜。自南向北穿越10个县（市、区），流程397公里，由石嘴山出境。宁夏平原土层深厚，地势平坦，坡降相宜，引水方便，便于自流灌溉。自秦汉以来，人们就在这里修渠灌田，发展灌溉农业，这里早已成为沟渠纵横、阡陌相连、灌溉便利的塞上江南。黄河年径流量325亿立方米，国家调配可利用水资源40亿立方米，是全国四大自流灌区之一。2010年这里上升为国家主体功能区——沿黄经济区，是宁夏经济发展的核心区域。

中部干旱带 海拔 1200 ~ 1500 米，降水少，蒸发量大，地下水埋藏深、水质差，是西北旱作区水资源严重缺乏和干旱发生最严重的地区之一。中部干旱带风沙侵袭严重，是生态比较脆弱的天然牧场和旱作农业区，素有“十年九旱”之说，是宁夏重点建设的旱作节水农业示范区。

南部山区 地处西北黄土高原边缘，海拔 1400 ~ 2900 米。这里沟壑纵横，地面切割零碎，黄土丘陵、黄土塬、谷地、山地、近山丘陵相间分布，是黄河流域水土流失较严重的地区之一，且多发各种自然灾害，贫困人口所占比例较高，是宁夏重点建设的生态农业和扶贫开发示范区。

气候

宁夏地处中国内陆，为典型的大陆性气候，最南端的六盘山区属半湿润区，卫宁平原以北属干旱区，其他地区为半干旱区。宁夏气候宜人，冬少严寒，夏无酷暑，春暖怡人，秋高气爽。各地年平均气温 5.6 ~ 10.1℃，自南向北递增；最冷月（1 月）平均气温为 −7.3℃，最热月（7 月）为 22.4℃。年降水量在 167.2 ~ 618.3 毫米之间，自南向北递减。

宁夏中北部气候干爽，光热资源丰富，全年晴朗天气达 300 天左右，年日照时数约 3000 小时，气温日差达 13℃左右。贺兰山脉绵亘于宁夏西北部，山势巍峨雄伟，既削弱了西北寒风的侵袭，又阻挡了腾格里沙漠流沙的东进，成为银川平原的天然屏障，也是中国季风区和非季风区的分界线。

六盘山区位于宁夏最南端，终年气候凉爽，空气湿润，林木繁茂，年降水量超过 600 毫米，成为突起于黄土高原之上的“绿岛”、“湿岛”，有“春来秋去无盛夏”之说，自古以来便是避暑游览的胜地。

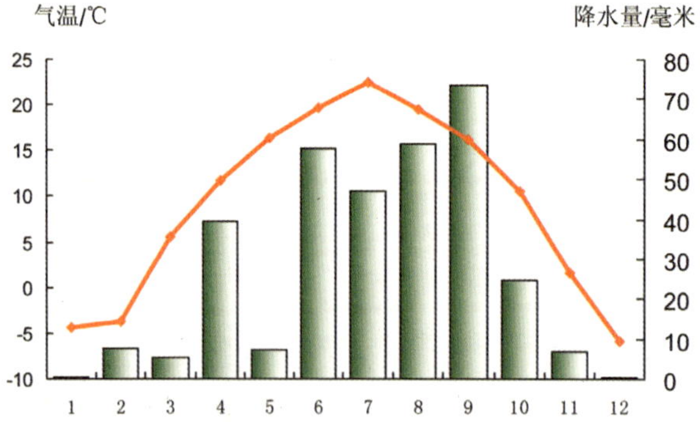

2014 年宁夏气温和降水的变化

宁夏南部山区的梯田

自然资源

宁夏现有耕地1933.8万亩，其中灌溉水田282万亩、水浇地480.5多万亩、旱地1172.7多万亩、园地等76.7多万亩。宁夏引黄灌区是全国12个重要的商品粮基地之一，也是全国8个宜农荒地超千万亩的省区之一。宁夏矿产资源以煤和非金属等沉积矿产为主，已探明矿产资源储量的矿种（包括亚矿种）有49种。其中煤炭探明储量336亿吨，储量位居全国第七位，且煤种齐全，煤质优良，分布广泛，含煤地层分布面积约占宁夏总面积的17.6%。非金属矿产中的石膏、水泥用灰岩、盐矿、电石用灰岩、冶金用白云岩、芒硝等为宁夏超亿吨优势矿产。

宁夏平原

人口及民族

宁夏有回、汉等 35 个民族。据自治区统计局 2015 年 2 月 4 日发布的数据，2014 年末，宁夏常住人口 661.54 万人，占全国大陆总人口 13.68 亿的 5‰，比年度人口控制目标 663 万人少 1.46 万人，总人口增速呈下降趋势。从宁夏银川市、石嘴山市、吴忠市、固原市和中卫市五市来看，银川市人数为 212.89 万人，居五市之首。

2014年宁夏回族自治区各市民族人口和构成

地区	汉族		回族		其他少数民族	
	人口数（人）	比重（%）	人口数（人）	比重（%）	人口数（人）	比重（%）
全区总计	4197864	63.45	2361434	35.70	56078	0.85
银川市	1556174	73.10	533840	25.07	38923	1.83
石嘴山市	597777	77.36	165898	21.47	9001	1.17
吴忠市	645815	47.73	702796	51.95	4331	0.32
固原市	660072	53.78	566242	46.13	1055	0.09
中卫市	738026	65.11	392658	34.64	2768	0.25

据统计，在宁夏常住人口中，回族人口236.14万人，占人口比重的35.70%，比2013年上升0.1个百分点。同时，宁夏回族人口也是全国各省、区、市回族人口聚居最多的省区，占全国回族人口的比重超过1/5。回族人口比重上升，得益于国家民族政策的惠顾，也反映出民族团结、宗教和顺、共同进步、繁荣发展的景象。

近年来，受经济社会发展和生态移民等因素影响，宁夏人口分布发生明显变化。南部山区人口向经济和资源环境相对较好的北部川区移民，使得人口分布趋向合理，改善了南部山区人口环境，减轻了人口压力，促进了山区经济社会、资源和环境的可持续发展。

山区	人口数（万人）	比重变化（%）
南部山区8县（区）	209.96	1.32
北部川区	451.58	1.32

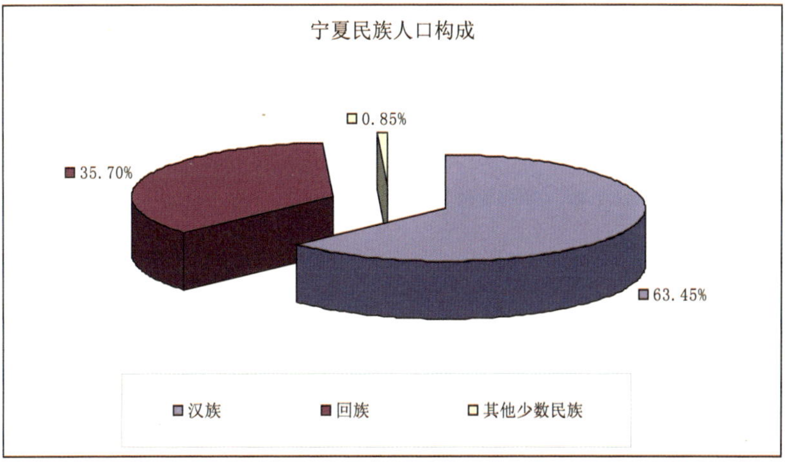

宁夏回族自治区现辖银川、石嘴山、吴忠、固原、中卫5个地级市，青铜峡、灵武2个县级市，永宁、贺兰、平罗、盐池、同心、西吉、隆德、泾源、彭阳、中宁、海原11个县，兴庆、金凤、西夏、大武口、惠农、利通、红寺堡、原州、沙坡头9个县级市辖区，以及193个乡镇、44个街道办事处。

第二章

行政区划与主要城市

- 碧水蓝天 明媚银川——银川市
- 山水园林 重工基地——石嘴山市
- 滨河回乡 水韵吴忠——吴忠市
- 红色六盘 绿色固原 避暑胜地——固原市
- 沙漠水城 花儿杞乡——中卫市
- 城市交通与通讯

宁夏回族自治区现辖银川、石嘴山、吴忠、固原、中卫 5 个地级市，青铜峡、灵武 2 个县级市，永宁、贺兰、平罗、盐池、同心、西吉、隆德、泾源、彭阳、中宁、海原 11 个县，兴庆、金凤、西夏、大武口、惠农、利通、红寺堡、原州、沙坡头 9 个县级市辖区，以及 193 个乡镇、44 个街道办事处。

宁夏回族自治区辖5个地级市、2个县级市、9个县级市辖区、11个县

地级市	邮编	区号	市辖区、县级市、县
银川市	750000	0951	兴庆区　金凤区　西夏区 灵武市　永宁县　贺兰县
石嘴山市	753000	0952	大武口区　惠农区　平罗县
吴忠市	751100	0953	利通区　红寺堡区　青铜峡市 同心县　盐池县
固原市	756000	0954	原州区　西吉县　隆德县 泾源县　彭阳县
中卫市	755000	0955	沙坡头区　中宁县　海原县

碧水蓝天 明媚银川——银川市

银川市是自治区的首府，东有黄河穿境而过，西依贺兰山，面积 0.96 万平方公里，城市建成区面积 135.1 平方公里。下辖兴庆、金凤、西夏三区，永宁、贺兰两县及灵武市。截至 2012 年底，银川市常住人口 204.63 万人，城镇化率为 75.0%。银川素有“塞上江南、鱼米之乡”的美誉。这里自然风光秀丽，人文景观独特，区位优势明显，是方圆 500 公里内唯一的区域性中心城市。银川市以“建设西北地区最适宜居住、最适宜创业的现代化区域中心城市”为发展战略，城市综合竞争力跻身全国百强，荣获全国文明城市、国家节水型城市、国家卫生城市、国家园林城市、国家环保模范城市、中国人居环境范例奖等殊荣。

首府银川市素有“塞上湖城”之称。

在银川市内可远眺贺兰山，城中大小湖泊星罗棋布。

石嘴山市着力打造森林城市。

山水园林 重工基地——石嘴山市

石嘴山市是宁夏回族自治区第二大城市，位于银川北部，是西北地区重要的工业城市，因贺兰山脉与黄河交会之处“山石突出如鸡嘴”而得名。石嘴山市现辖大武口、惠农和平罗两区一县，面积 0.52 万平方公里。全市常住人口 74.16 万，有汉、回、蒙古、满等 24 个民族，少数民族人口 15.78 万，占总人口的 21.3%。移民城市、工业城市、湖泊城市、奇石城市、森林城市、内陆口岸城市是石嘴山市六个显著特点。2008 年石嘴山市被列为全国第二批循环经济试点城市和国家首批资源枯竭经济转型试点城市。同时，石嘴山市也是国家卫生城市、国家城镇居民医疗保险试点城市和国家新农保试点城市。

滨河回乡 水韵吴忠——吴忠市

吴忠市地处宁夏回族自治区平原腹地，毗邻陕西省、甘肃省和内蒙古自治区，下辖利通区、红寺堡区、青铜峡市、盐池县、同心县，面积 2.07 万平方公里，常住人口 131.25 万，其中回族人口 69.18 万，占总人口的 52.7%，是全国回族人口比例最高的地级市。吴忠市矿产资源丰富，农业发达，是全国商品粮基地、全国奶牛养殖基地、中国清真食品和穆斯林用品产业基地，同时也是中国甘草之乡、滩羊之乡、中国回族建筑文化之乡和中国清真美食之乡。荣获中国优秀生态旅游城市、全国双拥模范城、全国创业先进城市、国家园林城市和中国城市公益慈善指数七星级城市等称号。

吴忠市是驰名中外的“中国回族之乡”。

红色六盘 绿色固原 避暑胜地——固原市

固原市位于宁夏回族自治区南部的六盘山地区，东部、南部分别与甘肃省庆阳市、平凉市为邻，西部与甘肃省白银市相连，北部与本区中卫市、吴忠市接壤。下辖西吉县、隆德县、泾源县、彭阳县和原州区，国土面积1.35万平方公里，市区建成面积45平方公里。全市常住人口126.43万，其中回族人口57.82万，占总人口的45.7%。固原市城区位于西安、兰州、银川三个省会首府城市所构成的三角地带中心，是陕甘宁革命老区振兴规划中的区域中心城市，是六盘山片区区域发展与扶贫攻坚的主战场，也是中国西部前景极佳的待开发地区。近年来，西吉县荣获中国马铃薯之乡和中国文学之乡荣誉称号，隆德县荣获中国书法之乡荣誉称号，固原市荣获2012年全国百强慈善城市、2012年度中国特色魅力城市200强、长征十大潜力城市之一等荣誉称号。

固原市貌

春到彭阳梯田

沙漠水城 花儿杞乡——中卫市

中卫市位于宁夏回族自治区中西部，宁夏、甘肃、内蒙古三省区的交会处，国土面积1.74万平方公里，是黄河中上游第一个自流灌溉地区。下辖沙坡头区和中宁、海原两县，常住人口110.72万，有汉、回、满、蒙古等21个民族，其中回族人口39.66万，占总人口的35.8%。中卫市土地肥沃，物产丰饶，被誉为世界枸杞之都、中国硒砂瓜之乡。境内矿产资源种类众多，储量丰富，其中石膏储量约70亿吨，居全国第二位。中卫市是著名的旅游城市，沙坡头景区是国家首批5A级旅游胜地。中卫市以宜居、休闲、生态美为目标，全力打造“黄河水城、魅力沙都、休闲中卫”，先后荣获中国特色魅力城市100强、中国最佳绿色生态城市、中国创新型城市、迪拜国际改善居住环境最佳范例奖、中国人居环境范例奖、2011年城市榜投资环境十佳城市、2012年度苏商投资中国首选城市和最具投资潜力城市奖等殊荣。

国家5A级旅游景区——中卫市沙坡头景区

银川北绕城高速路立交桥横卧在碧绿的田野里。

城市交通与通讯

现代化的交通指挥中心

宁夏地处中国东西轴线的中心，交通十分便捷。包兰、宝中铁路、太（中）银铁路贯穿全境，银西铁路 2014 年开工建设。全区公路通车里程 3.32 万公里，已形成 34 条国道、省道干线和遍布城乡的农村公路网络，高速公路连接各市县（区），通车里程达 1527 公里，所有市、县（区）可在一小时内上高速，公路技术等级、路面铺装率、乡村公路通畅通达率等多项指标均位居西部省区前列。启动了黄河上游甘宁青三角黄金水上运输线。航空客运开通了银川至北京、上海、广州、成都、乌鲁木齐等十几个大中城市的航线，实现了银川至香港、迪拜、首尔直飞。开通了银川至中东的货运航线。初步形成了以银川为中心，辐射周边省区的高速运输网络。已建成以光纤传输为主，辅以数字、卫星传输等方式的通讯网络，电子信息网络已覆盖全区各个市县。

改革开放30多年，特别是西部大开发以来，宁夏紧紧抓住西部大开发的历史机遇，大力实施沿黄经济区加快发展和中南部山区扶贫开发两大战略，推进开放宁夏、富裕宁夏、和谐宁夏、美丽宁夏建设，经济社会发生了天翻地覆的变化。

第三章

经济发展

- 综合实力
- 特色产业
- 名优特产
- 投资平台
- 人才队伍建设和引智工作

综合实力

2013年，全区实现生产总值2755.6亿元，地方公共财政预算收入308.3亿元，全社会完成固定资产投资2681.1亿元，实现社会消费品零售总额668.5亿元，进出口贸易总额32.2亿美元，农民人均纯收入达到6931元，城镇居民人均可支配收入达到21833元。

2014年，全区生产总值达到2752.1亿元，比上年增长8%，5年年均增长11%。人均生产总值达到41835元。地方公共预算收入达到339.8亿元，比上年增长10.2%，5年年均增长24.9%。全社会固定资产投资规模达到3201亿元，比上年增长19.4%，5年年均增长23.4%。城镇居民人均可支配收入达到23285元，增长8.4%。农民人均纯收入达到8410元，增长10.7%。教育、科技、文化、卫生、体育、社会保障等各项社会事业有了全面进步，全区各族人民的思想道德、科学文化素质和健康水平显著提高。

2014年产业增加值情况

产业	增加值（亿元）	增长率（%）
第一产业	217.0	5.5
第二产业	1341.2	9.2
第三产业	1193.9	6.9

玉米丰收

农业

宁夏地处河套平原的富庶之地。全区耕地总面积达1600多万亩，人均2.6亩，居全国前列。其中，引黄自流灌溉690万亩，是全国四大自流灌溉区和七个商品粮生产基地之一；是国务院确定的现代农业、旱作节水农业、生态农业“三大示范区”。已形成了枸杞、清真牛羊肉、奶产业、优质粮食、马铃薯、瓜菜、适水产业、葡萄、红枣、苹果、制种、优质牧草和道地中药材等13个特色优势产业。有中国枸杞之乡、甘草之乡、马铃薯之乡、长枣之乡的美誉，是国内重要的绿色有机农产品生产基地。

农作物收获的季节

广袤的宁夏平原

工业

经过多年发展，宁夏工业形成了以煤炭、电力为基础产业，以石化、冶金、有色金属、装备制造、轻工纺织、建材为支柱的工业结构体系。

煤、电和原材料工业占据主导。全区煤炭累计探明储量461.82亿吨，居全国第6位，人均保有储量居全国第2位，是全国13个亿吨级大型煤炭生产基地之一。

军工及装备制造业潜力大。军工产业特色鲜明、优势突出，东方钽业、星日电子和西北稀有金属材料研究院研发生产的钽、铌、铍等稀有金属新材料生产技术领先，规模居全国第一、世界三强，军工产品在神舟系列、探月工程、航空母舰等领域得到应用。装备制造业发展潜力巨大，形成了重型矿山机械、机床工具、仪器仪表、数控机床、新能源装备等重点优势特色产业。

轻纺工业、食品工业特色鲜明。全区清真食品与穆斯林用品产业发展迅速，实现工业总产值390亿元，

井下作业

宁东能源化工基地位于宁夏回族自治区中东部。

增加值 77 亿元（数据为 2014 年）。正在加快建设中国重要的清真食品穆斯林用品认证中心、研发设计中心、生产加工中心、展示交易中心和集散中心，坚持高标准建设中国吴忠清真产业园、灵武羊绒产业园、宝迪清真食品工业园。羊绒、酿酒葡萄、枸杞及生物发酵等农产品加工业特色鲜明。世界 40% 以上的原绒、欧洲 70% 以上的精纺绒、中国 60% 以上的精品无毛绒都在宁夏集散，形成了原绒采购、水洗绒、无毛绒、绒条、羊绒纱线，以及羊绒衫、羊绒制品的生产及销售的完整产业链。

现代化的纺织车间

第三产业

宁夏建成银川空港、陆港和惠农陆港“三大口岸”，以及宁夏交通物流园、宁东能源化工基地物流园、吴忠现代商贸物流园等九大物流园，积极引进国内外大型物流企业，覆盖全区、辐射周边的现代物流体系基本形成。大力发展航空物流，开通了银川至韩国、日本、马来西亚、阿联酋等国客运航线和银川至哈萨克斯坦货运包机航线，打通了宁夏连接世界的“空中走廊”。大力发展特色旅游，深度开发塞上江南新天府、贺兰山历史文化、六盘山红色生态“三大板块”旅游资源，打造西部独具特色的国际旅游目的地。

对外贸易

2012年9月，国务院批准在宁夏建立内陆开放型经济实验区，同时设立银川综合保税区。以此为契机，宁夏积极推进贸易便利化改革，强化宁夏外贸企业社会服务体系建设，建立涉外部门贸易便利化联席工作机制。建立外贸企业综合服务平台，压缩外贸成本，提高企业竞争力，并积极推动国际贸易“单一窗口”试点工作。银川综合保税区成为宁夏外贸新的增长点。2015年，银川综保区完成进出口总额20.7亿美元，占全区进出口总额的52.5%。机电产品、高新技术产品出口额快速增长，羊绒衫、羊绒纱线、机床及铸件、活性炭等优势特色产品竞争力较强，中银绒业、伊品生物、启元药业等为龙头的民营企业是宁夏对外贸易的主力军。先后与19个国外省州市建立友好城市关系，与130多个国家和地区开展贸易往来，阿拉伯国家和东盟成为宁夏出口的两大主要新兴市场。“十二五”期间，对外贸易额年均增长15.6%。

博览会上客商云集。

商贸洽谈

中国文博会宁夏形象馆

扶贫开发

宁夏扶贫开发工作主战场主要集中在中部干旱带和南部山区，是全国最早开展有计划、有组织大规模扶贫开发的地区之一。自治区党委、政府高度重视扶贫开发工作，将之作为关系全区经济社会发展全局的重点，大力实施百万贫困人口扶贫攻坚战略，举全区之力大打35万生态移民和65万贫困人口扶贫攻坚两场硬仗，积极创新贫困县考核、精准扶贫、产业扶贫发展、扶贫项目资金管理、金融服务、社会帮扶六项工作机制，深入实施特色产业扶贫、“黄河善谷”和城镇化带动扶贫、文化旅游扶贫、就业和技能培训、交通和信息扶贫、危房改造和生态环境整治、饮水安全、教育扶贫、卫生计生和社会保

移民新村

技术人员下乡面对面指导农户。

障扶贫九项扶贫行动计划，强力推进扶贫攻坚。2013 年底中南部地区农民人均纯收入由 2010 年的 3415 元提高到 5247 元，增幅连续三年高于全区平均水平，贫困人口的温饱问题基本解决，有力地促进了贫困地区经济发展、社会稳定和民族团结。在第三届“中国城市公益慈善指数”中，宁夏的五个地级市全部入围“中国城市公益慈善指数百强榜”，成为全国唯一一个慈善城市省域全覆盖的省区。

特色产业

优势凸显的煤电、煤化工战略主导产业

宁夏煤炭已探明储量310多亿吨，居全国第六位，其中宁东煤田是中国巨型煤田之一，已探明储量273亿吨，被列为国家13个重点发展的亿吨矿区之一，是国家级煤炭基地、煤化工产业基地、“西电东送”火电基地和循环经济示范区，与内蒙古鄂尔多斯市、陕西榆林市共同构成一个能源化工“金三角”。近年来，宁夏加快经济发展方式转变，把资源优势转为经济优势，培育和发展煤电、煤化工等战略主导产业，实现宁夏的科学发展、跨越发展。建设中的神华宁煤稀烃化工厂，是以煤为原料的世界级大型煤化工项目。

井下作业

太阳能光伏发电产业

潜力巨大的新能源新材料产业

宁夏风能资源蕴藏量 2253 万千瓦，太阳能可开发规模约 1750 万千瓦，属风电、太阳能发电开发适宜区，是全国新能源产业发展最快的地区之一。宁夏正大力发展依托资源优势的光伏、风电产业，大力发展与新能源配套的装备制造和新材料产业，着力把新能源产业培育成为宁夏优势特色产业。力争到 2020 年，新能源发电占全区电力总装机容量比重达到 18%，同时带动风机制造、光伏材料等配套产业的规模化发展。目前宁夏已具备了年产 100 万千瓦的风机制造能力，全区建成和在建的多晶硅、单晶硅产能分别达到 6000 吨和 2000 吨，太阳能电池组件具备年产 10 万千瓦的生产能力。

羊绒产业已具备了较强的发展优势和国际市场开拓能力。

世界羊绒看中国 中国羊绒看宁夏

宁夏的羊绒产业凭借品牌和规模，在世界上占据了领先地位。宁夏全区的羊绒总产量占全国的 70%、世界的 60%，共有绒业公司 300 多家，其中像中银、盛源、圣雪绒、双维、马斯特等规模以上企业就有 19 家，庞大的产业集群不但解决了 8000 多人就业，更形成一个年产值超过 88 亿元的大产业。

羊绒厂吸纳大量妇女就业。

民族品牌的清真牛羊肉产业

清真牛羊肉是宁夏自然资源和人文特色造就的传统优势产业。目前，全区肉牛饲养量175万头，肉羊饲养量1160万只，牛羊肉产量18万吨。清真牛羊肉规模以上加工企业18家，其中7家达到清真肉品屠宰加工国际标准。清真牛羊肉产品已经进入北京、上海、广州等大中城市，并成功出口中东、东南亚等国家和地区。

乳香飘四方的奶产业

宁夏是西部奶业主产区，奶牛品种和原料奶品质优良，优质牧草资源丰富，养殖基础良好。全区奶牛存栏41万头，鲜奶总产量110万吨，成年母牛年均单产达到6200公斤，居全国第4位；人均鲜奶占有量178公斤，是全国平均水平的5倍，居全国第2位。拥有夏进、旺旺、哇哈哈等乳品加工龙头企业23家。年加工鲜奶110万吨，生产液态奶13万吨，干乳制品5万吨。

外籍奶牛落户宁夏

掘土生金的马铃薯产业

宁夏中、南部地区自然条件特别适宜马铃薯生长，现已形成淀粉加工、鲜食菜用、种薯生产“三驾马车”相互支撑、互为促动的产业规模。目前全区马铃薯种植面积400万亩，鲜薯总产420万吨，已成为全国重要的马铃薯优质淀粉加工基地、优质菜用薯生产基地和脱毒种薯繁育基地。

抗旱节水增收的设施农业

设施农业成为近年来宁夏发展最快的农业产业之一。目前种植面积100万亩，85%的设施农产品通过绿色食品认证，70%的设施农产品销往区外及中亚、俄罗斯、蒙古等市场。目前，已经形成了环香山压砂瓜产业带、以中卫、银川、青铜峡为主的现代设施农业产业带、银北脱水蔬菜产业带、固原冷凉蔬菜产业带、中部干旱带和南部山区旱作设施农业产业带等。

利用光热资源大力发展现代设施农业。

花卉温棚

大力发展设施农业，努力提升农业整体效益。

品质优良的水产品

水中捞“银”的富民产业

宁夏黄河两岸素有“塞上江南、鱼米之乡”称号，湖泊湿地众多，水质较好，发展淡水鱼产业的资源条件在西部乃至全国得天独厚，已形成了沿黄河、艾依河产业带。全区水产品养殖面积 61.6 万亩，总产量 12 万吨，人均水产品占有量 16 公斤以上。水产品以鲜活产品销售为主，全部为绿色食品，70% 以上外销周边省区及西藏等地，成为西北地区重要的渔业生产基地和水产品集散中心。

天然药库的朝阳产业

宁夏中药材资源丰富，中药材品种有 1500 种之多，野生药材达到 400 万亩，枸杞、甘草、麻黄、黄芪、茴香等更是驰名中外，是中国西北地区道地中药材的重要原产地之一，也是第一家经过国家正式批准命名挂牌的省级种植基地。人工栽培的中药材近百种，大面积种植的有甘草、黄芪、板蓝根、柴胡、麻黄等，初步形成了六盘山区、中部风沙区和引黄灌区三个特色鲜明的中药材种植带。

名优特产

晾晒枸杞

中宁枸杞

中宁县是世界枸杞的发源地和正宗产地，又是中国枸杞自然分布的中心区域。中宁枸杞一直以品质纯正、产量丰盈而居全国之冠，有两千多年的药用历史，600多年的人工栽培历史，明朝弘治年间即被列为“贡果”。中宁枸杞富含蛋白质、植物脂肪、无机盐，具有调节人体免疫功能、保肝、抗癌、抗衰老的药理作用，被国家工商总局确定为原产地地理标志。

枸杞丰收

枸杞的产销量占全国总量的60%以上

盐池滩羊养殖牧场

盐池滩羊

滩羊是中国珍贵的地方裘皮羊品种，世界唯一的裘皮绵羊品种。滩羊二毛皮（羔羊1月龄左右时宰剥的毛皮）毛色洁白，毛长且呈波浪形弯曲，形成美丽的花案，毛皮轻盈柔软；滩羊肉脂肪分布均匀，含脂率低，肉质细嫩，不膻不腥，营养丰富，味美可口，有提气补虚、生血益肾之功效，在阿拉伯国家享有盛誉。盐池县是宁夏滩羊的主产区，也是全国唯一的保种区，2003年被国务院命名为“中国滩羊之乡”，获原产地地理标志。

盐池县滩羊产业“养、加、销”一体化经营模式初具雏形。

灵武长枣

灵武长枣果实色艳、肉厚、质脆，酸甜适口，鲜枣可溶性固形物含量34%，含糖量28%，含酸量0.44%，富含各种矿物质和维生素，尤其是维C含量最高，每100克含642毫克，被誉为“活维生素丸”，有“百果之王”之美称。灵武长枣已取得中国地理原产地标志和国家绿色产品质量标准体系认证，灵武市被国家林业局命名为“中国灵武长枣之乡”。

灵武长枣

灵武长枣推介会

贺兰山东麓葡萄园

贺兰山东麓葡萄

贺兰山东麓地势平坦，土壤肥沃，光照充足，热量丰富，昼夜温差大，是国际公认的酿酒葡萄最佳产区之一，也是中国酿酒葡萄三大“原产地保护区”之一，具有发展优质酿酒葡萄的独特地理环境和良好生态条件。2011年，经国家质检总局审核，决定对“贺兰山东麓葡萄”实施国家地理标志产品保护。

贺兰石

贺兰石，又称吉祥石、碧紫石，被誉为宁夏的“蓝宝”。贺兰石产于宁夏贺兰山海拔 2600 米的悬崖上，是大自然经过数亿年的磨练而形成的“精灵”。贺兰石质地均匀细密，清雅莹润，绿紫两色，天然交错，刚柔相宜，叩之有声。除用来雕琢成砚台，还可用来刻制印章、镇纸、笔架等文房珍品，远销国内外。

贺兰石雕

贺兰石砚

宁夏大米

宁夏引黄灌区土地肥沃，光照充足，昼夜温差大，病虫害轻，自古就是栽培优质水稻的最佳地区，唐代即被作为御用贡米并荣得“珍珠米”的美名。宁粳43号是宁夏培育的地方优质水稻品种，据农业部食品质量监督检验测试中心测定，米质达到国标优质米一级，成为国内高端大米品种。“宁夏大米”获得农业部在全国唯一以省份冠名的农产品地理标志认证。

宁夏大米以产量丰盈、品质优良享誉国内外。

硒砂瓜

硒砂瓜生长在中卫地区的砂石之地，被称为“石头缝里长出的西瓜”。由于该地区干旱少雨，蒸发量大，年降水量小于180mm，昼夜温差大，使得该瓜不但积蓄了大量糖分、维生素、氨基酸等营养物质，而且从砂石中吸收了大量的硒、锌、钙等微量元素。因此硒砂瓜具有天然、补锌补钙的特点，被称为“天然绿色保健品”。

硒砂瓜种植基地

中卫香山硒砂瓜畅销中国30多个省区。

投资平台

宁夏共有各类开发区、工业园区 31 个，其中国家级开发区 1 个（宁东），国家级经开区 2 个（银川、石嘴山），国家级高新区 2 个（银川、石嘴山）。是承接产业转移的优质平台。以能源、化工、装备制造、新材料、特色农产品加工和高新技术产业为骨干。

宁东能源化工基地

国家重点开发区，先后被列为“国家 14 亿吨级大型煤炭生产基地之一”、“国家八大煤化工产品基地之一”、“国家西电东送四大电源之一”，是以煤、电、化、油为一体的大型

宁东能源化工基地发展步入快车道。

区域工业园区。规划初步确定的控制区总面积达到3484平方公里。截止2014年年底，宁东基地累计完成固定资产投资2065.9余亿元，年均增幅17.3%；新增就业岗位近7.8万个，实现工业产值779.5亿元，完成税收44.8亿元；建成煤炭生产能力7720万吨/年，火电装机容量891万千瓦，新能源装机容量307万千瓦，外送电能力400万千瓦，建成和在建煤化工产品产能1357万吨/年。

宁东能源化工基地夜景

开发区效果图

银川经济技术开发区

开发区建设了宁夏国家高新技术创业服务中心、留学人员创业园、中小企业创业基地、软件园、动漫基地五大创新创业服务平台，是宁夏唯一的集国家级经济区和省级高新区为一体的开发区，目前规划控制总面积32平方公里，远期控制面积150平方公里。

牵手天津港，实现海铁联运。

石嘴山陆港经济区

占地面积 15 平方公里，规划面积 48 平方公里，2011 年被批准为国家级经济开发区。2014 年园区完成工业总产值 228.1 亿元。无论从企业规模、落户项目数量，还是从经济总量来看，都位居宁夏各开发区、工业园区前列，具有较大的规模效应和示范带动作用，成为石嘴山市乃至宁夏的工业聚集区和重要的工业经济发展地。以惠农陆路口岸为核心，具有了内陆口岸、货物集散、商品配送、流通加工、商品检验、物流信息服务等诸多综合功能，辐射周边地区，为周边地区的产品由惠农口岸一站式通向天津港口发向世界各地铺通了道路。

陆路口岸货物正在装车运往天津港。

生态纺织产业示范园

由国家发展改革委于2011年9月正式批准建设。项目一期投资500亿元，预计产值达到800亿元，到2015年建成以120万吨彩色涤纶生产规模为主、包括其他纺织产品及配套设施的生态纺织示范园；到2020年，工业总产值预计达到1500亿元。园区主要引进化纤、纺织、服装等相关领域优势企业入园，打造从纺织新材料到色纺、色织、服装、家纺、装饰等产业一体化、产业链完整的生态纺织体系。

人才队伍建设和引智工作

宁夏坚持盘活人才存量，扩大人才增量，提升人才质量，人才在经济社会发展中的支撑作用进一步增强。主动"走出去"、积极"请进来"，与清华大学建立人才战略合作关系，多层次举办人才招聘会，柔性引进院士、知名专家，全职引进博士等高层次人才。进一步加强公务员、专业技术人才、高技能人才和农村实用人才培训工作，不断完善阳光招考、阳光招聘、阳光安置机制，积极推进事业单位人事制度改革。颁布实施人才资源开发条例、人才发展中长期规划等人才政策，不断完善国内聚才、海外引才、用好用活本土人才政策体系。大力实施专业技术人才知识更新、高技能人才培养等人才工程。启动并首评“塞上英才”24人。大力实施“海外引才百人计划”、“国内引才312计划”，依托中阿博览会，连续五年举办了中国宁夏引进海内外高层次人才洽谈会，累计柔性引进中国科学院、中国工程院院士及国外院士108人、知名专家238人，并全部被自治区人民政府聘任为“自治区特聘专家”；全职引进博士274人；建立院士工作站40个、专家服务基地36个；签订引才、技术合作项目101个。

引进急需紧缺人才

引进海内外高层次人才合作洽谈会

宁夏率先在全国实行全境封山禁牧，着力构建以六盘山、贺兰山、中部防沙治沙带、宁夏平原为骨架的“两屏两带”生态安全屏障，每年完成造林面积 100 万亩以上。宁夏沙化面积由上世纪 70 年代的 2475 万亩减少到目前的 1686.9 万亩，森林覆盖率由建国初期的 1.4% 提高到 12.63%，各类湿地面积达到 310.8 万亩，每年减少输入黄河泥沙 4000 万吨。

第四章

环境风光

- 生态环境
- 旅游资源
- 自驾游线路

生态环境

宁夏率先在全国实行全境封山禁牧，着力构建以六盘山、贺兰山、中部防沙治沙带、宁夏平原为骨架的“两屏两带”生态安全屏障，每年完成造林面积100万亩以上。宁夏沙化面积由上世纪70年代的2475万亩减少到目前的1686.9万亩，森林覆盖率由建国初期的1.4%提高到12.63%，各类湿地面积达到310.8万亩，每年减少输入黄河泥沙4000万吨。目前，宁夏共建立14个自然保护区，总面积为533048.47万公顷，包括贺兰山、六盘山等九个国家级自然保护区和沙湖等五个自治区级自然保护区。内陆湿地面积达到415万亩，分布有180多种野生植物和180多种野生动物，是国际上重要的鸟类迁徙线停留地。

防风固沙

阳光明媚、空气清新已成为宁夏的一张亮丽的名片。

旅游资源

宁夏有大山、平原、河流、沙漠、森林、戈壁、湿地、峡谷、草原、堰塞湖、黄土高坡、丹霞地貌，一应俱全。中国科学院地理研究所对宁夏旅游资源进行摸底调查后发现，全国10大类、95种基本类型的旅游资源中，宁夏占有8大类、46种，在旅游界享有“中国旅游的微缩盆景”之称。宁夏旅游资源丰富多彩、特色鲜明，“两山一河”（贺兰山、六盘山、黄河）、“两沙一陵”（沙坡头、沙湖、西夏陵）、“两文一景”（回族文化、西夏文化、塞上江南美景）构成了宁夏旅游资源的主体。宁夏现有开放景区90多个，其中5A级景区三个，4A级景区12个。在2008年《中国国家地理》杂志社发起的圈点新天府活动中，美丽而富饶的宁夏平原位列中国“十大新天府”之一。

5月-10月是宁夏的最佳旅游季节。

位于宁夏西吉县的火石寨景区

镇北堡西部影城

镇北堡西部影城位于银川市城区西北郊，依两座古代城堡遗址而建。老堡始建于明弘治十三年（1500年），新堡始建于清乾隆五年（1740年）。“镇北堡西部影城”被誉为“中国一绝，宁夏之宝”。迄今为止，这个貌不惊人的外景场地里，已经拍摄了80多部影视剧，如《牧马人》、《红高粱》、《黄河谣》等影片，都是改革开放以后中国电影获得国际大奖的开山之作，因此有这样的说法：中国电影从这里走向世界。

中国电影从这里走向世界。

镇北堡西部影城成为中国西部题材和古代题材的电影、电视最佳外景拍摄基地。

贺兰山岩画太阳神

贺兰山岩画

贺兰山是古代的匈奴、鲜卑、突厥、回鹘、土蕃、党项等北方少数民族驻牧游猎、生息繁衍的地方。岩画是人类祖先在岩石上绘制和凿刻的图画，在南北长200多公里的贺兰山腹地，近6000幅神秘诡异的岩画，被刻制在贺兰山贺兰口峡谷两侧绵延800多米的山岩崖壁上。它们生动地记录了三千至一万年前原始先民放牧、祭祀、狩猎、征战、生产等生活场景，成为今天我们研究人类文化史、宗教史、原始艺术史的文化宝库。顺着这个多彩的岩画之谷，我们可以窥见古代游牧人一幕幕富有生趣的社会生活，唤起我们对人类一致性的认识，理解我们人类深刻的根。

贺兰山岩画风景区

西夏王陵

西夏王陵坐落在银川市西郊贺兰山东麓，距市区大约35公里，营建年代约自11世纪初至13世纪初，是中国现存规模最大、地面遗迹保存完整的帝王陵园之一，是中国最大的西夏文化遗址，也是宁夏最重要的一处历史遗产和最具神秘色彩的文化景观。西夏王陵受到佛教建筑的影响，将汉族文化、佛教文化、党项族文化有机结合，构成了我国陵园建筑中别具一格的形式。西夏王陵是以单一的帝王陵墓构成的景区，为西夏王朝这一消失的独特文化提供了特殊的见证，也为中国北方地区在11至13世纪这一重要时期的多民族频繁交流与冲突等发展特征提供了历史见证。

西夏王陵出土的人像石碑座

西夏王陵景区外景

湖水、芦苇、沙丘相依，展现出江南的清秀与塞外的雄浑。

苇湖泛舟

沙湖

沙湖位于宁夏石嘴山市平罗县西南，距银川市 56 公里，总面积 82 平方公里，其中水域面积 45 平方公里，沙漠面积 22.5 平方公里，是一处融江南水乡与大漠风光为一体的生态旅游胜地，为国家 5A 级旅游风景区。

沙堤高耸，河水奔流，沙为河骨，河为沙魂，相依相偎，和谐共处。

沙坡头

沙坡头旅游区位于我国最早建立的干旱半干旱荒漠类型的沙坡头国家级自然保护区，丰硕的治沙成果于1994年被联合国授予“全球环保500佳”的光荣称号，同年被国务院授予“科技进步特别奖”，被世人称为“沙都”，为国家5A级旅游景区。

景区位于宁夏中卫市城区以西20公里腾格里沙漠东南边缘处。这里集大漠、黄河、高山、绿洲为一处，即具西北风光之雄奇，又兼江南景色之秀美，自然景观独特，人文景观丰厚，被旅游界专家誉为世界垄断性旅游资源。

这里有中国最大的天然滑沙场，有总长800米、横跨黄河的“天下黄河第一索”——沙坡头黄河滑索，有黄河文化的代表——古老水车，有中国第一条沙漠铁路，有黄河上最古老的运输工具——羊皮筏子，有沙漠中难得一见的海市蜃楼。可以骑骆驼穿越腾格里沙漠，可以乘坐越野车沙海冲浪，咫尺之间可以领略大漠孤烟、长河落日的奇观。

沙坡头独特的S型地理风貌

108 塔现为第三批全国重点文物保护单位。

108 塔

在宁夏青铜峡市峡口山黄河西岸一个面东的陡峭山坡上，建有 108 塔，是中国古塔建筑中唯一总体布局为三角形的大型塔群，依山势从上到下按一、三、五、七奇数排列成十二行，形成总体为三角形的巨大塔群。位于塔群最上端的是一个形制特大、实心、覆钵式的喇嘛塔，以砖砌成，外表敷白灰，底为八角须弥座，顶为宝珠式；其余各塔的形制相同，但形体较小。始建年代不见记载，但明代中期的一些志书已称其为古塔，形制和北京元代的妙应寺白塔相似，可能为同时代遗构。

中华回乡文化园

中华回乡文化园位于永宁县纳家户清真寺北侧，紧临京藏高速公路永宁出口处，依托古老的纳家户清真寺和回族风情浓郁的纳家户村所建，以展示伊斯兰建筑文化、礼俗文化、饮食文化、宗教文化、农耕与商贸文化为特色。园区内建有回族博物馆、礼仪大殿、回族商贸一条街、回乡人家等。其中的博物馆是全国最大的一座回族博物馆，占地7000平方米，整体建筑为“回”字形。游客在漫步历史长廊的过程中，可领略回族历史的源远流长和回族文化的博大精深。

回族博物馆

回乡文化园

苏峪口国家森林公园

苏峪口国家森林公园位于银川市区西北25公里的贺兰山国家级自然保护区内，北距沙湖旅游区35公里，东距西部影视城12公里，南靠西夏王陵30公里，是宁夏十大精品旅游景区之一，具有丰富的自然景观和独特的人文景观。在近万公顷的范围内，高耸入云的油松、村松、云杉等天然林木一望无际，吐红的樱桃、挂紫的丁香、披粉的蒙古扁桃等平分秋色，灌木遍布山谷沟壑。层层林海造就的四季景观，色彩斑斓，变化无穷，令人叫绝。

中华黄河坛

中华黄河坛

中华黄河坛是黄河金岸的标志性建筑，位于吴忠青铜峡市，为了礼敬黄河、祭拜黄河、感恩黄河而建。黄河坛长999米，宽200米，建筑面积6.5万平方米，背靠贺兰山山脉，隔河屹立牛首山，左傍万里黄河臂弯，右依青铜峡峡口。站在黄河圣坛的位置向下望去，眼前的黄河及滩地正好成一个太极八卦图。

须弥山石窟被称为“宁夏敦煌”。

须弥山石窟

须弥山石窟地处宁夏固原县西北 55 公里的须弥山东麓，六盘山脉北端。这里峰峦迭嶂，岩石嶙峋，曲径幽静，是“凿仙窟以居禅”的理想场所。自北魏开始在这里开凿石窟，至唐代为止，先后修有石窟 130 个，其中保存较完整的有 20 余窟，分别置于当地群众称为大佛楼、子孙宫、圆光寺、桃花洞的地方，蜿蜒约两公里。根据石窟形制和造像特征分不同的时期。属北魏时期者三窟，室内方形，单室，有多层塔柱，雕一佛二菩萨；属北周时期者八窟，窟室为方形，中心柱已由多层小龛改为一大龛，造像以一佛二菩萨为主，装饰华丽，高大雄伟，为全国北周造像中所少见；唐代的石窟多为方形，中心柱已消失，沿后三壁设佛座，窟内造像增至一铺七身，其中大中三年（公元 849 年）题记的一窟，弥勒造像高达 20 米，显示出雄伟的气概。此外还有唐、宋、西夏等各个时代的题记多处，是中国石窟艺术的一处重要遗存。

窟内造像

每年的旅游季节，世界各地的游客来此观光游览。

六盘山国家森林公园

六盘山跨宁夏、陕西、甘肃三省区，主峰在宁夏固原、隆德县境内，海拔 2928 米。山体大致为南北走向，长约 240 公里，是陕北黄土高原和陇西黄土高原的界山及渭河与泾河的分水岭，曲折险峻。古代盘道六重始达山顶，故名。山的东南垂有老龙潭胜迹，为泾水源头之一。西夏宝义二年 (1227 年) 成吉思汗率军进攻西夏时，曾避暑于六盘山。元安西王曾在山上建清暑楼。1935 年 10 月 7 日，毛泽东率中国工农红军从固原县的张易堡驻地出发，沿小水河，越牛头山口，登上六盘山，并写下了气壮山河的诗篇《清平乐·六盘山》。

自驾游线路

线路一：宁夏自驾北部游

线路描述：线路短，景点多，预计行程 3 ~ 4 天。

第一天 从银川驾车出发，在西夏王陵游玩一圈后，顺着沿山公路一路向北，抵达滚钟口、影视城、拜寺口、苏峪口、贺兰山岩画。在这里游览一番后，进行休整。

第二天 一大早驾车驶向石嘴山，在武当庙拍照留念；下午进入大武口市区，赏夕阳下的星海湖。

第三天 有两种选择：一是从大武口驱车向南，途经沙湖返回银川；二是驾车去石嘴山黄河大桥，饱览黄河之美，之后驾车从陶乐境内南下，沿河东走廊行驶，寻找合适的地点休整。

第四天 驱车向水洞沟、兵沟、鸣翠湖、盐池古长城、哈巴湖方向，沿路游览塞上江南美景，之后返回银川。

线路二：宁夏自驾南部游

线路描述：线路长，风景好，预计行程 5 ~ 6 天。

第一天 驾车从银川启程沿高速公路向中华黄河楼、青铜峡黄河大峡谷、108 塔、中华黄河坛、鸟岛驶进，在这里游览青铜峡大坝、自然候鸟天堂和 108 塔，之后进行休整。

第二天 驱车进入中卫市区，游览高庙后去沙坡头滑沙、穿越，尽享大漠风情，夜宿沙坡头。

第三天 返回中卫，继而一路南下，游览同心清真大寺，看须弥山石窟，当晚在附近借宿休息。

第四天 早上驱车前往火石寨和六盘山红军长征景区，夜宿当地。

第五天 游览胭脂峡、凉殿峡、老龙潭景区，夜宿当地。

第六天 返回银川。

六盘山独特的清凉气候，成为固原旅游的一张“王牌”。

沙坡头景区

009

宁夏历届党委、政府把教育事业作为促进自治区经济社会发展的重要举措，坚持在经济社会发展规划中优先安排教育发展、公共财政资金优先保障教育投入、公共资源优先满足教育和人力资源开发需要的“三个优先”原则，明确提出了“加大教育投入，增加优质教育资源，办好人民满意教育”的要求，以加强教育内涵建设为重点，以推进教育领域综合改革和创新为动力，以实施教育惠民计划为抓手，全区教育发展的水平和层次得到全面提升。2013 ~ 2014 学年度，全区有各级各类学校 3086 所，在校学生 146 万余人，教职工 9.2 万余人。

第五章

教育科技

- 教育事业
- 科技发展
- 体育运动

一些偏远的农村小学实现了数字化资源课堂教学。

教育事业

教育改革发展成就

四个“率先”：2006 年，在西部地区率先提前一年实现了“基本普及九年义务教育、基本扫除青壮年文盲”的攻坚目标；2008 年，在西部地区率先全面完成义务教育债务化解工作；2009 年，在全国率先启动实施“中小学校舍安全工程”；2011 年，在全国率先实施农村义务教育学生营养改善计划。

四个“第一”：从 2004 年到 2013 年，连续 10 年超额完成中职招生任务，在全国排名第一；2006 年，第一个以省（区）为单位将国家实施的“两免一补”政策创造性地扩大为“三免一补”；从 2007 年全区中小学生机比 18：1 到 2011 年生机比 11:1，宁夏教育信息化位居西部 12 个省（区）第一；2012 年，在教育部 2011 年首次组织开展的 30 个省（区、市）参加的全国教育行风评议测评结果公布中，宁夏以 96.54 分位居全国第一。

三个“模式”：“教育扶贫模式”，开办六盘山中学、育才中学，并不断加大对家庭经济困难

上、中、下图：标准化实施"校安工程"、"中西部地区农村初中改造工程"、改善农村教学点等一批教育重点工程。

学生资助，把"教育扶贫"与"教育惠民"作为重大发展项目列入教育"十二五"规划；"技能致富模式（计划）"，自治区党委、政府制定出台《关于推进职业教育跨越式发展的意见》，确定了"使初中毕业未被普通高中录取、高中毕业未被大学录取的学生都要接受各种形式的职业教育或技能培训"的发展目标，使新生劳动力和农村转移劳动力都能掌握一技之长；"教育移民模式（工程）"，与生态移民工程相配合，坚持推荐"移民先移教"、"移教先移校"，把中南部贫困地区学生有计划、按步骤地转移到城镇、川区和交通方便的学校，确保其享受优质教育。

教育惠民政策

宁夏教育民生政策最早开始于对回族女童入学的救助。在上世纪90年代普及义务教育中，鉴于回族女童入学率是全国女童入学率最低的五个省（区）之一，自治区政府每年投资300多万元扶助回族女童入学；同时通过成立女童教育促进会、举办回族女童试验班、各类上学考试对回族女生降分录取等措施，帮助家庭困难女童完成学业。这一扶助政策使得回族女童入学率迅速提高，2008年国家验收宁夏普及九年义务教育时，全区小学适龄儿童入学率达99.64%，少数民族女童入学率也达98.88%。

全面实施义务教育阶段"三免一补"政策。

小链接

从2006年秋季起，宁夏率先将国家"两免一补"政策扩大到全区义务教育阶段所有城乡学校，并由自治区财政为每个学生免费提供一套教辅材料，即"三免一补"政策。"三免一补"教育惠民政策，当年就使99万名中小学生受益，政府教育基本公共服务扩大到了全体义务教育阶段学生。

2010年，宁夏启动了"中南部地区农村中小学校学生营养早餐工程"。，给中南部地区12个县（区）的1500多所农村和县城义务教育阶段学校的37万学生每天免费提供一个熟鸡蛋，每年所需的5000余万元资金由区财政承担，这就是在全国具有极大影响的"营养早餐工程"。2012年，"营养改善计划工程"在南部山区所有中小学实施，共惠及37万名农村中小学生。在实施过程中实现食品安全和资金安全双双"零事故"，被教育部作为"宁夏模式"向全国推广。

2007年起，宁夏开始探索建立全覆盖的教育民生政策体系，每年投资10亿多元，建立了从学前教育、特

义务教育

殊教育、义务教育、高中阶段教育、高等教育、研究生教育全覆盖的学生财政资助体系。2013 年全年资助全区各级各类教育家庭经济困难学生（包括社会资助部分）共计近 40 万人次，国家、自治区以及社会慈善组织共投入资助金（包括助学贷款）6.2 亿元，基本实现所有学生不因家庭经济困难而失学的目标，促使了全区各级各类教育蓬勃发展。

学前教育

学前教育迅速发展。2011 年起，宁夏相继实施了《宁夏回族自治区学前教育三年行动计划（2011—2013 年）》《宁夏回族自治区“十二五”幼儿园建设规划方案》，使全区乡镇中心幼儿园覆盖率达到 85% 以上，建立完善政府主导、社会参与、公办民办并举的办园体制，覆盖城乡、布局合理的学前教育服务体系初步形成，基本解决“入园难”问题。从 2014 年开始实施《宁夏回族自治区第二期学前教育三年行动计划（2014—2016 年）》，将确保全区学前三年毛入园率提高至 73%。

义务教育

2010 年，自治区政府编制实施了《宁夏中长期教育改革和发展规划纲要（2010—2020 年）》《宁夏教育事业发展第十二个五年规划》，将推进义务教育均衡发展作为全区教育发展的重中之重，并制定了《宁夏进一步推进义务教育均衡发展实施方案》，按照“先易后难、梯次推进”的原则，稳妥有序地推进义务教育均衡发展，确保到 2017 年全区实现义务教育基本均衡发展目标（提前国家三年）。2012 年，全面启动对各县（市、区）推进义务教育均衡发展评估验收工作。2013 年，全区小学适龄儿童入学率 99.5%，初中阶段毛入学率 100.62%。

高中阶段教育

2012年，全自治区22个县、市（区）基本普及高中阶段教育，标志着宁夏以县为单位实现了基本普及高中阶段教育。全区高中阶段教育毛入学率达到86.84%，成为西部第一个实现基本普及高中阶段教育目标的省（区）。2013年，全区有中等职业学校35所，高中62所，高中阶段教育毛入学率达到88.4%。按照普通高中教育和职业教育协调发展的原则，宁夏把发展职业教育与改善民生、促进经济社会发展密切联系起来，启动了“技能致富”计划，建立起职业教育工作联席会议制度。至2014年，宁夏连续10年完成中职招生任务，5所学校跻身第三批国家级中职教育改革发展示范校，全区示范校总数达14所，占到全区中职总数的58%。

高等教育

随着国家加大向中西部地区、贫困地区和农村地区招生倾斜力度的持续加大和宁夏高等教育规模的稳步扩大，全区现有普通高等学校18所，形成了由1所“211工程”高校、2所综合性大学、5所本科学院、10所高职高专学院、1所成人高校组成的种类齐全、结构合理的高等教育体系。有一级学科博士学位授权点8个、一级硕士学位授权点40个。高等教育毛入学率达30.42%。

序号	学校名称	主管单位	办学地点	办学层次
1	宁夏大学	自治区	银川市	本科，211工程
2	北方民族大学	国家民委	银川市	本科
3	宁夏医科大学	自治区	银川市	本科
4	宁夏师范学院	自治区	固原市	本科
5	宁夏理工学院	宁夏教育厅	石嘴山市	本科
6	中国矿业大学银川学院	宁夏教育厅	银川市	本科
7	宁夏大学新华学院	宁夏教育厅	银川市	本科
8	银川能源学院	宁夏教育厅	银川市	本科

民族教育

创新民族贫困地区教育发展模式，山区的教育城市办。针对宁夏南部山区经济发展滞后、回族居住集中、教育发展薄弱这个“短板”，投资9亿多元，在首府银川市高标准、高起点的先后建设了规模6000人的宁夏六盘山高级中学和规模近万人的宁夏育才中学，面向少数民族聚居地区及移民地区招收初中毕业生。学校面向全国招聘优秀校长和教师，所有学生均免收学费和住宿费，并为每个学生每年发放1500元的生活补助，这对促进民族教育与全区教育同步协调发展发挥了重要作用。两所学校现有在校生1.3万多人，先后有近7万名优秀毕业生从这里走出大山、走向全国高等院校，从根本上满足了少数民族群众对优质教育的强烈渴求。

为加快高等院校民族特色专业建设，自治区相继设立了宁夏大学回族研究中心、宁夏大学阿拉伯学院、宁夏医科大学回医药研究院和回医学院。全区高等院校目前已经建成国家级实验教学示范中心3个、国家级本科特色专业15个、国家级精品课程1门、国家级教学团队3个，拥有国家级教学名师2人。

民族教育

科技发展

改革开放以来，自治区以体制创新、机制创新和制度创新为先导，深化科技体制改革、全面推进科技创新体系建设，科技实力和创新能力不断增强，科技工作取得历史性的跨越，为宁夏经济社会的快速发展提供了坚实的科技支撑。“十二五”期间，共取得重要科技成果1141项，专利申请量和专利授权量分别累计达到14216件和5068件，百万人拥有专利数和亿元GDP所含专利数达到全国中上水平，科技进步对经济增长的贡献率达到49%。连续10年有18项科技成果获得国家科技进步奖。

青铜峡铝业集团建成世界最先进的350KA特大型预焙电解槽。

工业方面

先后在大型煤基甲醇生产装备及技术、高效节能铝电解新技术、稀有金属材料产品研发生产、大型高端铸件、高参数智能化控制阀产品研发等领域组织实施了一批国家和自治区重大科技项目，形成了一批具有自主知识产权的科研成果。世界首套煤制烯烃装置和首台100万千瓦超临界空冷火电机组，创造了多项世界纪录；高可靠、超小型化钽电解电容器用关键材料生产技术及应用、高端控制阀关键技术自主创新和产业化等4项科技成果获得国家科学技术进步二等奖；高端射频超导铌腔、大型核能发电机铸件、330千伏铁路牵引变压器、高端智能控制刮板输送机等一批科技成果达到国际先进水平，成功实现了产业化生产。

建立企业科技创新后补助机制，加大了对企业自主研发活动的支持力度。加强高新技术企业和创新型企业培育工作，全区高新技术开发区达到62家，国家级和自治区级创新型企业（试点）达到50家；石嘴山高新技术开发区被批准为国家高新技术开发区，成为继银川高新技术开发区后我区第二家国家高新技术开发区。

宁夏林业研究所种苗生物工程国家重点实验室

农业方面

建立了社会公益性、基础性科技创新稳定支持机制，设立农业育种专项，启动实施枸杞、水稻、马铃薯、牧草、肉羊、葡萄等育种项目10个。优质粮食超高产栽培、马铃薯种薯繁育、设施园艺水肥一体化、奶牛健康养殖等技术达到西北领先水平。成功获批建设银川、石嘴山、固原和中卫国家农业科技园区，实现地级市全覆盖。实施科技扶贫指导员“百人团”工程和“三区”人才支持计划科技人员专项计划，创建了科技扶贫新模式。培育枸杞、水稻、中药材、牧草、瓜菜等产业技术创新战略联盟5个。在中部干旱带建立高效节水特色农业试点11个，创建了农机节水农艺一体化示范样板。全区农业科技进步贡献率达到57%，高于全国平均水平。

社会发展方面

出台《关于加快我区民生科技发展的实施意见》，面向基层推广民生领域先进实用科技成果，科技惠民工程成效显著；组织实施一批生态环境国家科技支撑计划项目，区域性生态环境科技能力得到大幅提升；组建“中药材产业技术创新战略联盟”，枸杞、黄芪、黄芩、板蓝根种植基地获得国家GAP认证，重点道地药材提质增效关键技术实现突破；中卫市沙坡头区、彭阳县获批国家可持续发展实验区，为区域可持续发展提供建设示范。

中阿国家科技合作论坛

科技合作方面

与中科院合作建设银川科技创新育成中心、合成树脂联合实验室、西北农业生物研究中心等一批科研机构。不断开辟全区国际科技合作新领域，组织实施国际科技合作计划项目，邀请国外高层次专家上百人次来宁指导项目实施，有效弥补了科技资源的不足。组织了一批与欧盟、俄罗斯、阿拉伯国家的政府间科技合作项目。建设中阿技术转移中心，搭建了中阿科技合作的平台。

知识产权方面

全区发明专利申请量增长21%，发明专利授权量增长82%，增幅位居全国前列。知识产权强企工程进展顺利，全区国家和自治区知识产权示范、优势、试点企业达到52家。企业专利质量显著提升，4家企业专利技术荣获中国专利优秀奖。专利信息利用向更深层次拓展，多家企业开展了专利信息帮扶。

贺兰山体育场

体育运动

按照“群众体育彰显特色、竞技体育寻求突破、体育产业有所作为”的工作思路，积极推进体育事业科学发展。

群众体育

中国银川国际汽车摩托旅游节

颁布了《宁夏全民健身计划(2011–2015)》，全区2317个行政村建成村级农民健身工程，在中西部地区率先实现村级体育场地全覆盖；全区2/3的乡镇完成农民健身工程建设，80%的市、县(区)建成功能比较齐全的体育场馆；在城市社区、街道乡镇安装全民健身路径1000余条，每年组织和开展“全民健身日”、百乡千村农民体育活动月、东西南北中羽毛球赛等全民健身活动百余项。开展了以理论与实践紧密结合、重在技能辅导的社会体育指导员培训，举办了民族宗教界人士、大学生村官和广场舞、户外安全等各级社会体育指导员培训班，培训社会体育指导员8000余人，对群众健身给予科学指导。加强少数民族体育工作，编辑出版《中国少数民族传统体育竞赛项目系列丛书》，填补了中国少数民族传统体育竞赛项目在教学训练指导用书方面的空白，创建了10个少数民族传统体育项目基地。

端午节龙舟赛

竞技体育

吴忠市连续举办四届宁夏黄河金岸国际马拉松赛，由半程赛上升为全程赛，成为宁夏体育品牌赛事。石嘴山市全国铁人三项赛由精英赛升格为锦标赛，规模和社会影响不断扩大。连续举办过两届环青海湖国际公路自行车赛（宁夏段），以及举办中阿足球赛、桥牌赛，探索了体育为经济服务的新途径。支持银川市组建宁夏贺兰山足球俱乐部，实现竞技体育发展模式在观念和形式上的突破。发挥竞赛杠杆作用，每年坚持举办射击、摔跤、田径、武术等十项以上的青少年锦标赛，以赛事带动青少年业余训练水平的提高和后备人才的脱颖而出。创建104所国家级青少年体育俱乐部、4个国家级青少年户外体育活动营地、5个自治区级高水平后备人才基地、8所国家级和26所自治区级传统体育项目学校，积极开展校园足球运动。石嘴山市作为全国校园足球49个国家级布局城市之一，从小学、初中、高中设立53所布局学校，开展校际联赛，扩大校园足球的影响。

体育赛事搭建友谊桥梁。

体育产业

体育彩票公益金是全区体育发展最重要的资金来源，按照“快发展、大发展”的要求，扩大彩民群体，扩大销售收入，近三年来累计销售15.15亿元，其中2013年体彩销售达到6.37亿元，创造了全区体彩销售的历史新高。研究制定支持体育产业发展的政策措施，吸引和鼓励社会力量发展体育产业，为体育产业发展提供政策、资金保障和智力支持。

小链接

2010年至2013年，全区运动员参加国际比赛共获得39个录取名次，其中金牌17枚、银牌5枚、铜牌3枚；参加全国比赛共获得308个录取名次，其中金牌34枚、银牌42枚、铜牌41枚。2013年，组团参加了第十二届全国运动会，63名运动员参加了射击、游泳、武术等11个大项29个小项的决赛，获得13个录取名次，其中铜牌2枚。

宁夏黄河金岸国际马拉松赛

黄河金岸国际马拉松赛
national Marathon of the Golden Banks of the Yellow River
神华宁夏煤业
RedBull

回族群众大分散、小聚居，深受汉族传统文化的影响；同时，回族又是以伊斯兰教为精神纽带形成的民族，其风俗习惯深受伊斯兰教的影响。因城市与乡村、沿海与内陆、集中与分散、富裕与贫穷等人文、地理环境的不同，形成的风俗习惯也有所不同。

第六章

社会生活

- 风俗习惯
- 特色饮食
- 劳动就业与社会保障
- 新农村建设

风俗习惯

回族语言

回族通用汉语文，但在日常生活用语中也有一些阿拉伯和波斯语的词汇。诵读的宗教经典大部分是阿拉伯语。回族使用汉语姓名，称“官名”，经名（教名）是在出生后由阿訇以伊斯兰教圣人贤达的名字命名的。经名在年幼时常被当作小名呼唤，成年后在社会交往中较少使用。

回族服饰

宁夏回族服饰与汉族服饰同中有异。在农村和集镇，成年女子戴盖头或白帽，不使头发散乱、外露，多戴耳环、手镯；男子头戴小白帽，修面，留胡须，与汉族有明显的区别。在城市中则主要是老年的回民作如此装扮。

回族老人

回族少女

小链接

宁夏回族有喝盖碗茶的习惯。"盖碗"由三件组成，上为茶盖，中为茶碗，下为茶托，系中国传统饮具。盖碗茶用茶叶、糖、枣、桂圆、核桃仁、芝麻、枸杞、果干等配制，营养丰富，香甜可口，又称"八宝茶"。

回族的盖碗茶

回族饮食

回族开设的餐饮业均冠以"清真"二字，并以阿拉伯语注明。宁夏回族的饮食，在主食和蔬菜方面与汉族基本相同，随地方条件而行。主食以稻米、小麦为主，吃米饭、馒头、面条、烙饼、馓子等。有一种油炸饼名为油香，因有宗教传说而尊贵，节日及回族家庭办理婚丧和祭奠亡人之时经常制作食用。回族的肉食以牛、羊、禽、鱼肉为主，禁食猪、马、驴、骡、狗肉，禁食自死动物和动物血液，禁食非诵"安拉"之名屠宰的畜、禽之肉。

回族婚俗

宁夏回族的婚俗分传统婚俗和现代婚俗两种。传统婚俗兼含伊斯兰教义和中国传统习俗的内容，大致有提亲、相亲、订婚、结婚几个程序，较为复杂，男女双方基本上遵守“父母之命，媒妁之言”，多在农村施行。现代婚俗在传统婚俗的基础上大大简化，且以自由恋爱为主，多在城市为之。不论农村还是城市，回族男女结婚，除履行法定手续领取结婚证外，还要请阿訇念经证婚。

回乡婚礼

回族葬俗

中国各省回族相当一致，皆依伊斯兰教义而行，宁夏回族亦然。回族丧葬为土葬，主张速葬、简葬，遗体停放时间最长不超过三天。埋葬亡人不用棺木，不许用贵重物品陪葬。将遗体洗净后以白布裹之，埋于回民公墓土穴中，由寺坊穆斯林（一般在40人以上）为其举行宗教葬礼。之后，逢七日、四十日、百日、周年祭之。

回族节日

回族节日

宁夏回族大体过三种节日：与境内各民族一道过国家法定的“元旦”、“五一国际劳动节”、“三八国际妇女节”、“十一国庆节”、“六一国际儿童节”等节日；城镇部分回民随汉族过“春节”、“中秋节”等中国传统节日；依伊斯兰教义过“开斋节”、“古尔邦节”、“圣纪节”等宗教节日。

“开斋节”在伊斯兰教历10月初斋月期满后举行。穆斯林家家炸油香互相馈赠，并沐浴更衣，到清真寺参加会礼，向老弱病残和贫苦之人出散钱物，之后到已故亲人的坟上祭奠，宴请亲友。

“古尔邦”是阿拉伯语音译，意为“献牲”，故回族又称古尔邦节为“宰牲节”。在伊斯兰教历12月10日举行。当日回族居民洒扫庭除，沐浴更衣，到清真寺参加会礼。有条件的还宰杀牛羊，除自己食用外，还用来赠送清真寺和亲友。

“圣纪节”是伊斯兰教创始人穆罕默德诞生和逝世纪念日。相传教历3月12日既是穆罕默德的诞生日，又是他的逝世日，故该日又称“圣祭”、“圣忌”。在该节日，穆斯林要到清真寺礼拜、听阿訇诵经，赞颂圣人穆罕默德的品德和功绩。

小链接

伊斯兰教历每年九月，称为斋月。斋月期间，穆斯林每天在日出之前都要吃好封斋饭，日出之后整个白天不吃不喝，日落之后才能吃喝，称为封斋。经过一个月的斋戒，在伊斯兰教历九月的最后一天，寻看新月（月牙），见月后的第二天即行开斋，庆祝一个月斋戒期的结束。

特色饮食

古老的伊斯兰文明哺育和造就了宁夏的清真饮食文化体系；宁夏是黄河流域富庶的鱼米之乡，也为清真饮食文化打下了良好的物质基础；塞上大地迥然不同的生态和地貌，更造就了宁夏饮食的千姿百态。

百味羊肉

滩羊是宁夏“五宝”之一，其肉质细嫩，脂肪均匀，不膻不腥，味道鲜美。目前银川还保留着“羊肉街口”的地名，相传这条街在西夏时期就是出售滩羊和羊肉的地方。用滩羊肉制作的手抓羊肉、烩羊肉、羊肉泡馍、爆炒羊羔肉、羊杂碎等，直到如今仍是宁夏传统的风味羊肉食品。

爆炒羊羔肉：是一道传统小吃，色泽红亮，肉质软嫩，滋味醇厚，宁夏各地均有制作，尤以平罗县黄渠桥镇的制作独具特色，知名度较高，故又称“黄渠桥羊羔肉”。

手抓羊肉：是最能体现西部豪爽性格的吃法，羊肉的香被发挥到了极致。肉味鲜美，不腻不膻，色香俱全。

羊肉泡馍

手抓羊肉

烩羊杂碎

清炖羊肉：保持羊肉的细嫩，味道鲜纯，容易消化。

胡辣羊蹄：是回族烹制的传统美食，因其味辣而故名，肉质软嫩，肉鲜味美。

烤全羊：是目前肉制品饮食中健康、环保、绿色的美食。外表金黄油亮，外部肉焦黄发脆，内部肉绵软鲜嫩，清香扑鼻，肥而不腻，酥香可口，别具一格。

烩羊杂碎：著名传统小吃，宁夏各地均有制作，以吴忠市的做法更独特、历史更悠久，故又称“吴忠风味羊杂碎”。红润油亮，肉烂汤辣，红绿白三色相间，飘香诱人。

巧做面食

臊子面：是民间传统食品，以面白、韧细、汤红、色鲜、味香而闻名，经济实惠，是山区人民的传统风味食品，至今仍是人们待客的佳肴之一。

燕面揉揉：燕面即莜麦面，吃时口感柔韧有筋，故名。色泽白亮，条细不断，口感柔韧，配料讲究，现多用于凉菜上桌。

酿皮子：是回族独特的风味小吃之一。将涮好的一张张酿皮子切成细条，在上面放几块切成薄片的面筋，再浇上辣椒油、醋、蒜末、酱油、芥末等作料，即可食用。经济实惠，深受群众的喜爱。

羊肉小揪面：多用羊肉和辣椒作辅料，加上蘑菇、菠菜、豆腐、冬瓜、西红柿等蔬菜。面劲肉鲜，口味独特。

馓子：是道油炸面食，据传有一千多年的历史。每逢开斋节、古尔邦节等宗教节日，回族家庭都会炸馓子招待客人、馈赠邻里。

臊子面

馓 子

蒸艾叶

油　香

美味小吃

回族蒸艾叶：艾叶清香无毒，营养丰富，能通气血、祛寒湿、止血。尤其是端午节前后的艾叶，清嫩味鲜，具有开胃健脾、增进食欲的功效。

粉汤水饺：是一道传统小吃，营养丰富，汤鲜味香，宁夏各地均有制作。

炒糊饽：是一道西北地方小吃，肉嫩饼爽，微咸稍辣，流行于宁夏银川、吴忠等地。特点是制作方便，配菜丰富，香辣俱全，嚼起来很有口感。

回民筵席十大碗：在宁夏农村的回民聚居地，每到婚庆的日子，当地人都要做十大碗来招待宾客，有烩丸子、烩夹板、烩肚丝、烩羊肉、烩假莲子、烩苹果、烩狗牙豆腐、红炖牛肉、烩酥肉、酿饭。虽是大众菜肴，但各有各的味道。

烩小吃：因夹板（夹沙）和丸子是小吃的两种主料，故又称“烩夹板丸子”，是一道传统的小吃，质地软嫩，滋味鲜香，宁夏各地均有制作。

油香：油香，俗称“油饼”，色红松软，味美醇香，是回族人民的传统食品，每逢开斋节、古尔邦节、圣纪节，家家都要煎炸油香。油香分普通油香、糖油香、肉油香三种，被信仰伊斯兰教的民族看作是象征真诚信仰的美食。

劳动就业与社会保障

劳动就业

落实和完善更加积极的就业政策，扩大就业规模、提高就业质量，全年城镇新增就业 7.71 万人，城镇登记失业率 4.02%。下调了职工养老、失业保险缴费基数和失业、工伤、生育保险费率，并运用失业保险基金为符合条件的参保企业发放社保补贴、岗位补贴和职业技能培训补贴，援企稳岗效果明显。大力推进创业孵化园区（基地）建设，培育和扩大电商创业空间，组织开展首届全区网络创业大赛，引导大众创业、万众创新，全年发放创业担保贷款 28.51 亿元，创业带动就业 6.4 万人。大力开展“订单、定岗、定向”培训，全年组织城乡就业技能培训 4.21 万人。实施大学生就业促进计划、创业引领计划，加强困难高校毕业生就业援助，高校毕业生就业率达到 93.6%。多渠道开发岗位，农村劳动力转移就业 71.3 万人。开发购买公益性岗位 4507 个，就业困难人员实现就业 7340 人。

穆斯林服饰产业

人才交流会

社会保障

大力开展全民参保登记计划和建筑业参加工伤保险“同舟计划”。启动实施机关事业单位养老保险制度改革，有效破解了退休待遇“双轨制”难题。调整企业退休人员基本养老金，比“十一五”末增长81.4%；城乡居民基本养老金最低标准达到115元，同比增长35.3%；月人均养老金达到134元，同比增长12.6%。进一步拓宽了村干部自由选择参加职工和居民养老保险的渠道，启动实施了被征地农民参加养老保险工作。率先在全国实施城乡居民医保省级统筹，进一步完善城乡居民大病保险工作，建立和完善了筹资支付动态调控机制、重大疾病解

决机制、风险共担机制和费用监管机制，明确了支付范围，实现了即时结算。推动落实普惠性健康体检政策。组织开展社会保险基金安全评估试点，基金安全有效运行。加大医保智能化监管力度，全面启动医保服务医师诚信管理，实施“五险合一”经办体制改革，实现了区内异地就医联网即时结算。加快推进社会保障卡综合应用工作，在全国率先实现人力资源社会保障信息系统数据“省集中”。

流动服务车方便群众，便利社保业务

残疾人交友会

新农村建设

自治区积极推进社会主义新农村建设，实现了乡乡通柏路、村村通公路、通电话、通广播电视、通宽带，农村信息化走在了全国前列。实施塞上农民新居、山区危窑危房改造、农垦职工安居和农村人口饮水安全工程。五年来，新建改建村庄 1649 个，改造危窑危房 22 万户，解决了 270 万农村人口的饮水安全问题。加快农村教育、卫生、文化事业发展，城乡居民医疗、农村养老保险制度从无到全覆盖，农村社会保障制度的框架基本形成。

左、右图：塞上农民新居

宁夏文化在悠久的历史长河中与自然环境相适应、与时代发展相呼应，形成了自身的多元文化特征，既有浓郁的北方少数民族生活文化气息，又有厚重的中原文化特质和文化理念。当前，被专家和社会广泛认可的有四大主流文化，即黄河文化、回族文化、西夏文化和红色文化。

第七章

多彩文化

- 四大主流文化
- 标志性建筑
- 文艺精品
- 新闻出版

四大主流文化

黄河文化

宁夏文化是黄河文化的重要组成部分和典型代表。黄河流经宁夏397公里，从中卫市流入，经石嘴山市惠农区流出到内蒙古乌海。宁夏因黄河而存在，唯黄河而发展，依黄河而富饶，黄河文化也逐渐地形成和丰富起来。体现在引黄灌溉的渠系上，宁夏现有秦渠、汉延渠、唐徕渠、惠农渠等大大小小干渠40道，青铜峡水利枢纽、沙坡头水利枢纽及固海扬水、盐环定扬水和1236工程；体现在湖泊水系上，有鸣翠湖、宝湖、沙湖、星海湖、西湖等；体现在人文景观上，有中华黄河坛、黄河楼、黄河书院等。黄河也造就了一批文人墨客，留下的著名诗文有王维的《使至塞上》、韦蟾的《送卢潘尚书之灵武》、岳飞的《满江红》等。

中华黄河楼是宁夏黄河金岸的点睛之笔和标志性的景观工程之一。

回族舞蹈

回族文化

回族是中国少数民族中人口较多、分布最广的民族。盛唐时期，中亚地区商人特别是波斯人从西域经河西走廊，入凉州（今甘肃省武威市）、景泰之后，过黄河到靖远，越干盐池、西安州到海原县城，穿贾塘、郑旗、苋麻河到黑城、三营及固原城，而后过开城、瓦亭、三关口出宁夏境，又经甘肃东部进入陕西，最后到达唐都长安，居留贸易。这些人中有一部分因种种原因在宁夏长期居留，成为宁夏最早的一批回族先民。唐末、五代及宋初的丝绸之路穿过宁夏中部数县，往来于东西商道日益增多的穆斯林商人为后来宁夏回族的形成奠定了历史人口与社会基础。北宋西夏时期，作为西夏王朝中心地带的宁夏，成为大使“入贡”及西域诸国的贡使、商人必经之地，有不少穆斯林商人留在这里。明朝时期，中央王朝对回族采取的怀柔政策，极大地促进了回族族体的稳定发展和人口的繁衍壮大。经过唐、宋、元、明各代的发展，宁夏作为西北地区乃至全国最大的回族聚居区的雏形基本形成。宁夏是全国唯一的回族自治区，回族在宗教信仰、音乐、舞蹈、饮食、服饰、建筑、节日、婚礼、丧葬等方面表现出极具地域特色的民族文化。宁夏有大大小小清真寺4000多座，被称为中国的“回族之乡”。古丝绸之路为宁夏回族的形成奠定了历史和社会基础，可以说宁夏是古丝绸之路的重镇、重要通道和节点。

中华回乡文化园

西夏文化

公元 1034 年，李元昊去掉宋仁宗的年号改年号为广运，后又改为大庆，开始了党项自己的纪年，改首都兴州为兴庆府，1038 年建立西夏国，1227 年被成吉思汗攻克灭亡。作为 11 至 13 世纪在中国西部内陆干旱地区崛起的少数民族政权，西夏王朝在游牧文明与农耕文明的张力之下，通过军事、政治、外交、经济、文化等各种手段，创建并维系了一个 190 年的政权，产生了独具特色的党项民族文化。西夏为了与宋、辽形成三足鼎立之势，发明了西夏文字，铸有西夏钱币。宁夏有世界现存最早的西夏木活字印刷品。目前保存的西夏建筑和遗址有西夏陵、承天寺塔、拜寺口双塔、青铜峡 108 塔、省嵬城等。

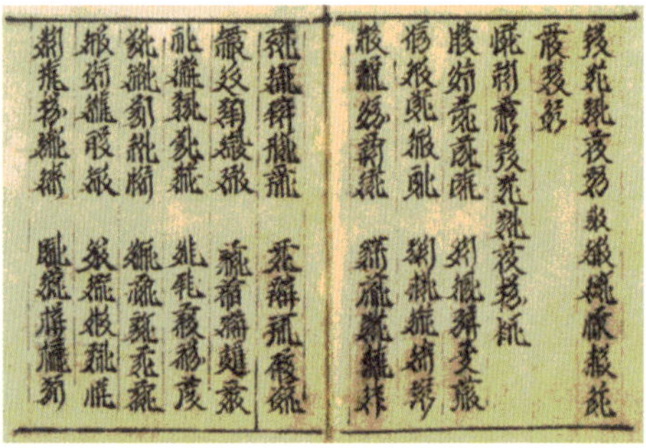

1991 年在宁夏贺兰县拜寺沟方塔出土的西夏文佛经《吉祥遍至口和本续》，是迄今世界上发现的最早的木活字版印本。

西夏王陵出土的珍稀文物“迦陵频伽”（妙音鸟）。

拜寺口双塔

红色文化

20世纪30年代，中国工农红军二万五千里长征、西征以及解放宁夏的重大军事行动，塑造了气壮山河、可歌可泣的宁夏红色经典文化。红军长征和西征过程中，毛泽东、周恩来、王稼祥、朱德、邓小平等中共中央主要领导人、中国工农红军和三个方面军的最高指挥员，都在宁夏留下了足迹。1936年10月22日，红军一、二、四方面军在宁夏西吉县将台堡胜利会师。红军总部和三军领导人一起参加了同心城召集的“三军团军民联欢大会”，是真正意义上的红军三大主力胜利会师，标志着红军长征的真正结束。毛泽东写下的《清平乐·六盘山》、斯诺的《红星照耀中国》（《西行漫记》）和《外国记者中国西北部印象记》等，都是红色文化在宁夏的宝贵财富。

小链接

1935年10月7日，红军在宁夏六盘山的青石嘴击败了前来堵截的敌骑兵团，扫清了阻碍，当天下午又一鼓作气翻越六盘山。之后，长驱直入，于10月19日到达陕北保安县吴起镇（今吴旗县），与陕北红军胜利会师，完成了震惊世界的二万五千里长征。这首《清平乐·六盘山》就是毛泽东在翻越六盘山时的咏怀之作。

《清平乐·六盘山》

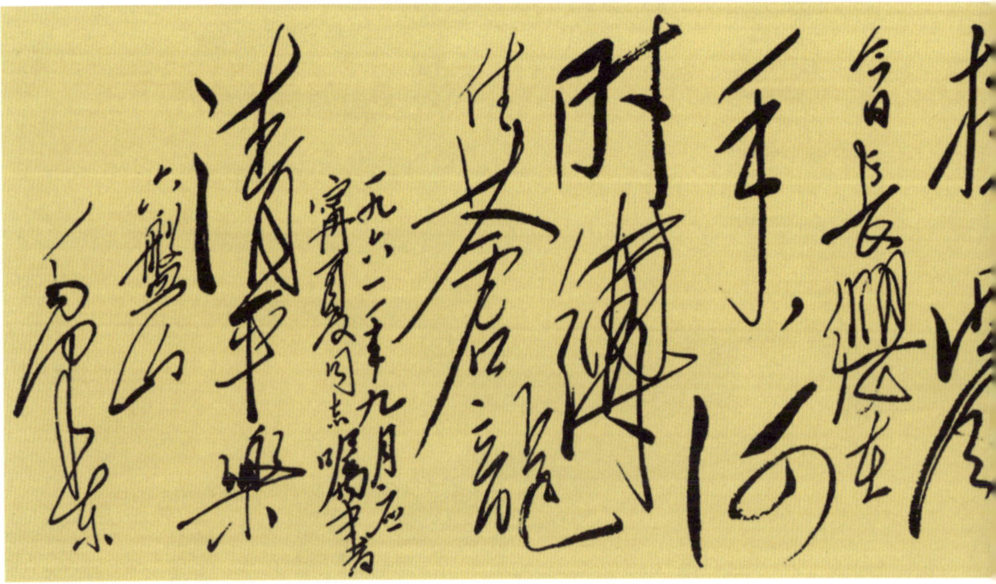

“不到长城非好汉”是毛泽东于1935年率领红军长征途径宁夏时所提。

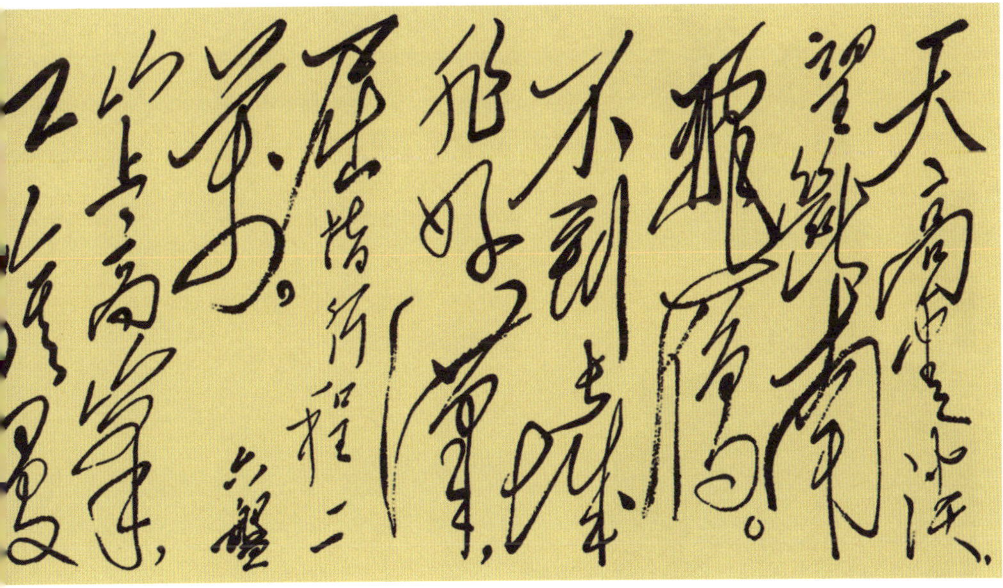

标志性建筑

宁夏境内遗存了大量具有西北建筑风格的古长城、古城堡、古民居、古园林，以及众多楼阁、庙宇、清真寺。近年来，宁夏依据沿黄各城市的功能定位，规划建设了宁夏国际会议中心、吴忠黄河楼、青铜峡黄河坛、平罗塞上江南博物馆等一批标志性建筑，提升了城市品位。鼓楼、玉皇阁展示了宁夏西夏故地古老厚重的一面，南关清真大寺、中华回乡文化园则充分体现了回族的风情。

银川海宝塔

塔

银川海宝塔 又称赫宝塔、黑宝塔，是宁夏始建年代最古老的佛教建筑，为全国首批重点文物保护单位之一。该塔是一座方形九层十一级楼阁式砖塔，通高 53.9 米，为中国十六名塔之一。它端庄而又秀丽，简洁而富于变化，形制独特，风格别致，被称颂为古塔凌霄，并列入宁夏八景之一。

银川西塔 又名承天寺塔，为一座八角十一层楼阁式砖塔，高 64.5 米。整座塔造型挺拔，呈角锥形风格，古朴简洁。塔室呈方形空间，室内各层为木板楼层结构，有木梯盘旋而上。塔身没有过多的装饰和雕饰，只点缀一些绿色琉璃花砖，外观简洁朴素。塔顶为一个巨大的八边形绿色桃形塔刹，在阳光的照耀下，点点翠绿格外显眼。

银川西塔

银川南关清真大寺

清真寺

银川南关清真大寺　始建于明朝末年，1980年重建，占地2074平方米，礼拜大殿位于上层，下层为小礼拜堂、阿訇住室和沐浴室。顶部由一大四小五个浑厚饱满的绿色穹顶组成。整座建筑造型优美，轮廓丰满，色调鲜明。

同心清真大寺　宁夏现存历史最久、规模最大的伊斯兰教建筑，相传建于明万历年间（1573-1620）。从照壁、礼拜殿脊檩处墨书题词看，清乾隆五十六年（1791）和光绪三十三年（1907）曾两次重修。大殿宽敞，可以容纳千余人同时礼拜。殿外装饰精致，翘檐斗拱，庄重朴素。同心清真大寺不仅是穆斯林宗教活动场所，还是一座具有光荣革命历史的文物建筑。1936年，中国工农红军西征时，曾经发动当地群众在此召开各界代表大会，并成立了中国历史上第一个县级回民自治政权——陕甘宁省豫海回民自治政府。1958年，同心清真大寺被宁夏回族自治区人民政府列为“全区重点文物保护单位”，也是具有民族宗教特色的重要观光景点之一。

同心清真大寺

纳家户清真寺 传统的中古式建筑寺院，呈长方形，以门楼、礼拜大殿、厢房、沐浴堂组成院落，形成典型的中国古代四合院建造布局。门楼为过洞式，上面壁部是一组仿古结构的挑檐，横向的栏额、斗拱，纵向的荷花柱和反映伊斯兰风格的精美砖雕，增加了壁面的光泽。上部正中为三层歇山顶邦克楼，楼两侧陪立着阿拉伯式的二层四角圆尖顶的望月楼。整个建筑布局严谨、规整，显示了大寺的雄壮气势。

纳家户清真寺

银川钟鼓楼

银川市玉皇阁

楼阁

银川市玉皇阁　通高 22 米，占地约 1040 平方米。在一座长 36 米、宽 28 米、高 8 米的台座下，正中辟有南北向的拱形门洞。台座中央为高达 14.1 米的两层重檐歇山顶大殿。大殿东西两侧是三层重檐飞脊的亭式钟鼓楼。整个建筑群重楼叠阁，飞檐相啄，布局巧妙，结构严谨。玉皇阁是银川市仅存的古代木结构高层楼阁，其独特的建筑风格、高超的建筑技巧，充分体现了银川古代能工巧匠的精湛技术。

银川钟鼓楼　俗称“鼓楼”，始建于清道光元年，总高 36 米，占地 576 平方米。整个钟鼓楼建在一个高大的方形台基上，台基下为洞形十字通道，洞门额上有石刻，东为“迎恩”，南为“来薰”，西为“挹爽”，北为“拱极”。台基上为十字形歇山顶的三层楼阁，有木梯可缘梯而上。楼阁顶脊饰以龙首，中置连珠，呈二龙戏珠之势，别具情趣。

中华黄河坛

沿黄标志性建筑

中华黄河楼 位于黄河西岸，青铜峡市滨河大道东侧，总建筑面积22115平方，高108米，主要建设内容有黄河楼主楼、十二生肖柱、黄河楼亮化、角楼、连廊等工程。黄河楼是具有明清风格的仿古建筑，主楼地上九层（包括两层夹层），地下二层，内部主要布置有黄河中国历史文化展览馆、黄河宁夏历史文化展览馆、世界古国与主要河流分布展、黄河印象展览馆、黄河文化演艺厅、黄河文化演讲厅、民族商品超市等，顶层为观光区。

中华黄河坛 黄河金岸的标志性建筑，位于宁夏回族自治区吴忠青铜峡市，长999米，宽200米，建筑面积是6.5万平方米，背靠贺兰山山脉，隔河屹立牛首山，左傍万里黄河臂弯，右依青铜峡峡口。中华黄河坛创造性地采用青铜铸造，以表达华夏民族饮水思源、感恩戴德、崇敬吟颂黄河母亲。牌楼是黄河坛的正门，是我国目前最大的青铜牌楼，显示了黄河文化博大精深的恢宏气魄。

文艺精品

舞剧《花儿》，荣获中宣部第十二届精神文明建设“五个一工程”奖，文化部第十四届文华奖“文华剧目奖”，第四届全国少数民族文艺会演表演金奖。

秦腔《花儿声声》，获中宣部第十三届精神文明建设“五个一工程”奖，文化部第十四届文华奖“文华大奖”，入选国家舞台艺术精品工程重点资助剧目。

舞剧《月上贺兰》，荣获文化部第十三届文华奖“文华大奖特别奖”，全国第四届少数民族文艺会演剧目金奖，入选国家舞台艺术“十大精品工程剧目”。

秦腔《庄妃与多尔衮》，入选国家舞台艺术精品工程资助项目。

话剧《工会主席》，荣获全国戏剧文化奖话剧“金狮奖”。

舞蹈《金色汤瓶》，获第九届全国舞蹈比赛金奖。

《月上贺兰》、《回乡婚礼》、《花儿》、《海上生明月》等舞台剧赴埃及、卡塔尔、阿联酋、台湾等国家和地区演出，大力宣传宁夏，极大提高了宁夏的知名度和美誉度。

回族舞剧《回乡婚礼》

回族舞剧《月上贺兰》

回族舞蹈《金色汤瓶》

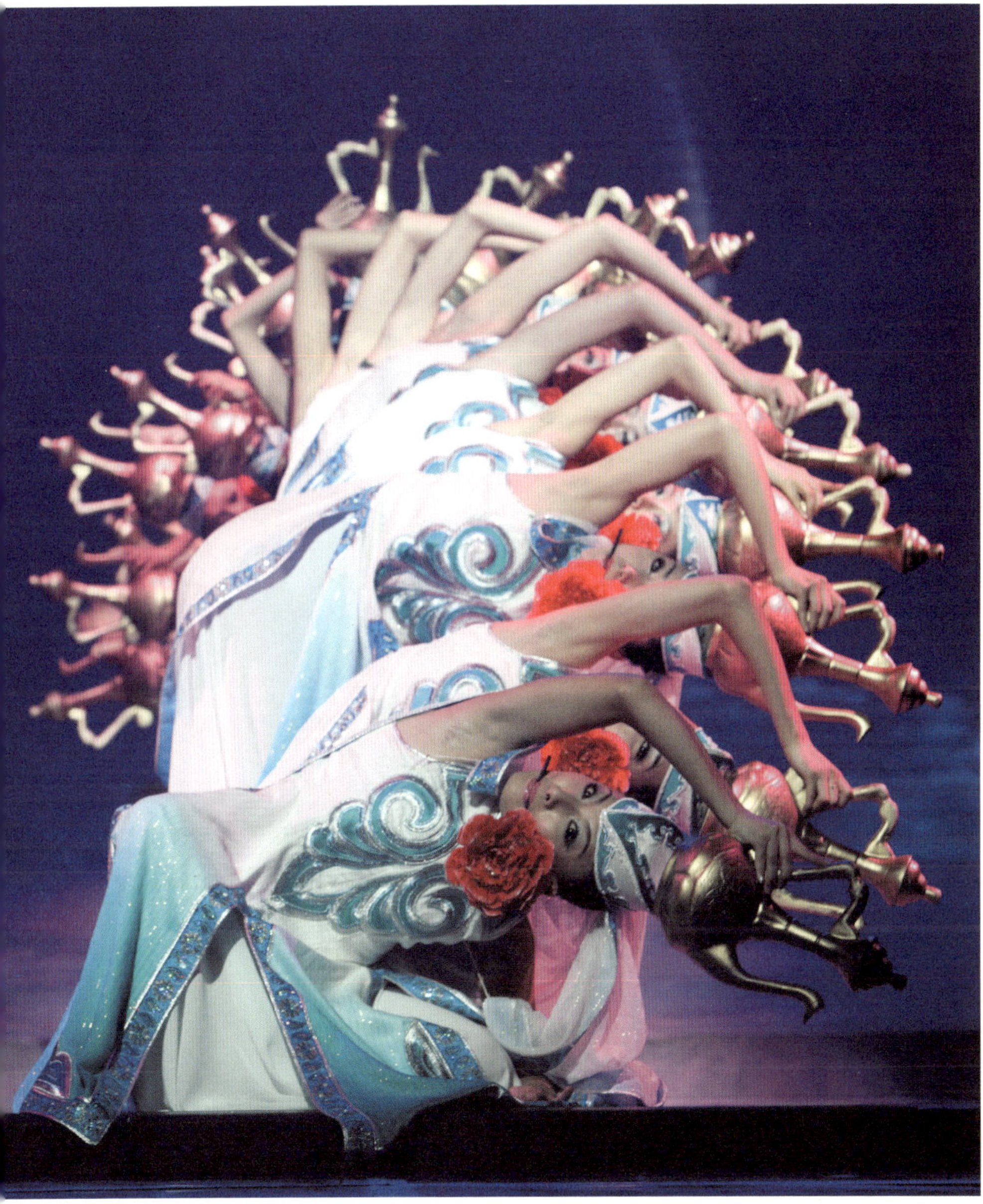

回族舞蹈《金色汤瓶》

新闻出版

宁夏独特的人文环境，造就了“小省区办大文化”的气魄。全区文化事业和文化产业快速发展，实力不断增强，影响力不断扩大。近年来，全区新闻出版业作为文化建设的主力军，已形成了涵盖图书、报纸、期刊、音像、电子、网络等出版门类和编辑出版、印刷复制、流通发行、版权贸易等相关行业的产业体系。目前，全区有图书出版单位 3 家，全部隶属于黄河出版传媒集团有限公司；有登记注册的音像电子出版物制作单位 5 家；只读类光盘复制企业 1 家，年生产能力 2000 万张，年产值 1200 万元；教学磁带复制企业 1 家，年产值 600 万元；互联网出版单位 6 家。现有公开发行的报纸 19 种，年总收入 2.66 亿元；期刊 37 种，年总收入 1.8 亿元。现有印刷企业 468 家，打字复印经营单位 1162 家，年产值 7 亿多元。全区有发行网点近千个、总发行企业 2 家、批发企业 70 多家、网上书店 6 家，年销售总额约 10 亿元。

惠民工程保障人民群众基本文化权益

近几年，围绕着保障自治区人民群众读书看报等基本文化权益，大力实施惠民工程，成效显著。首先是农家书屋建设，自2007年试点到2011年率先在西部实现全覆盖，用5年的时间共建成2786个农家书屋，总投资5000余万元。率先在西部地区实现农家书屋村村全覆盖。同时每年为农家书屋采购补充图书、报刊及电子音像制品。卫星数字农家书屋建设工程是宁夏2013年为民办30件实事之一，该项目共投资586.5万元专项经费，在全国率先实现了全区2300多个行政村卫星数字农家书屋全覆盖及节目开播。

加快城乡阅报栏（屏）建设，充分利用报纸期刊等开设读书专栏，搭建读书平台，完善阅读设施。不断探索"书香之家"、"书香之镇"、"书香之县"新路子，营造"书香宁夏"的浓厚氛围。每年向社会公布数百种优秀出版物和大众喜爱的100种宁版图书。每年组织"我的书屋、我的梦"、"读书成就创业梦"有奖征文、全区读书知识竞赛、"诵读经典·书香塞上"群众诗文诵读等一系列有益活动。创建"书香宁夏·全民阅读"数字平台，为推动全民阅读活动常态化发展奠定了坚实基础。

宁夏承办的第22届全国图书交易博览会

“走出去”战略扎实推进

2012年成功举办第22届全国图书交易博览会，充分展示中国出版业改革发展取得的丰硕成果和宁夏经济社会文化发展成果，具有十分重要的意义，同时也为建设和谐富裕新宁夏、与全国同步进入全面小康社会创造了良好的人文环境。积极组织参加每年的书博会，参展样书种类和零售订货码洋逐年增加。翻译出版了阿拉伯语版《当代回族文学典藏全书》（14种）、《中华回乡文化》、《宁夏画报》，《中国宁夏穆斯林作家文学作品选》（阿语版10册）入选2013年度“经典中国国际出版工程”项目。

中外合作

2012 年 9 月，国务院批复宁夏建设内陆开放型经济试验区，这是国家批复的全国第一个覆盖全省区的区域试验区，宁夏回族自治区将打造成为中国向西开放的“桥头堡”。宁夏作为一个西部经济欠发达地区，首次站在了国家对外开放的前沿，肩负起“先行先试”的历史使命。

第八章

内陆开放型经济试验区

- 重要意义
- 发展目标
- 发展思路
- 建设任务

重要意义

在多年出口导向战略作用下，中国制造业在国民经济中的比重逐渐增高，服务业比重明显偏低，已经不能适应比较优势变化和国内消费投资结构升级的新形势。建设内陆开放型经济试验区，通过大力发展具有外向型特点的国际贸易、国际金融、现代物流、服务外包、商务会展等服务业，不仅可以提高西部地区服务业发展水平，促进西部地区服务贸易发展，而且可以提升中国服务业整体发展水平，探索西部等资源型地区可持续发展的新模式。

西部内陆地区要缩小与东部发达地区的差距，必须通过扩大对外开放，充分利用好两个市场、两种资源，拓展发展空间。而内陆地区在向东开放中优势不如沿海地区，应扩大向西、向北、向南开放，建设内陆开放型经济试验区，促进中国和阿拉伯国家物流、资金流、人才流、信息流自由跨境流动，将有效带动民族地区的经济发展、民生改善，维护地区团结稳定，同时还可以为其他内陆地区对外开放提供经验借鉴。

宁夏作为中国唯一的回族自治区，回族人口占全区总人口的1/3以上，回族穆斯林与阿拉伯国家的穆斯林群众宗教信仰相同、生活习俗相近。同时，宁夏地处新亚欧大陆桥国内段中枢位置，具有承东启西、联南接北的区位功能，能源、农业、旅游等优势明显，资源丰富，在搭建中阿交流合作平台方面优势得天独厚。

发展目标

到 2015 年，体制机制创新取得积极进展，与阿拉伯国家及世界穆斯林地区经贸文化交流合作全面展开，经贸合作取得实质性突破。基础设施支撑能力进一步提高，对外贸易快速增长，发展活力显著增强，生态环境得到有效改善，人民生活质量不断提高。到 2020 年，对外开放的体制机制不断完善，与阿拉伯国家及世界穆斯林地区经贸文化合作迈上新台阶，在国家向西开放总体战略中的作用进一步凸显。基础设施支撑能力显著增强，产业结构得到优化提升，转变发展方式取得明显成效，生态环境得到明显改善，与全国同步进入全面小康社会。

对外交流

发展思路

国家批准宁夏建设内陆开放型经济试验区，就是要充分赋予宁夏政策创新空间，鼓励宁夏先行先试，努力开创内陆地区对外开放的新模式、新道路。所以，对于宁夏来说，这既是机遇，更是挑战。为此，自治区党委、政府大胆设想，仔细求证，找准重点，寻求突破，研究提出了试验区“43558”的发展思路，即：围绕“四大战略定位”，构筑“三大平台”，落实“五项任务”，拓展“五大开放合作领域”，建设“八大基地”。具体见下表：

四大战略定位	国家向西开放的战略高地，国家重要的能源化工基地，重要的清真食品和穆斯林用品产业集聚区，承接产业转移的示范区。
三大平台	以沿黄经济区为平台，推进区域经济合作；以中阿博览会为平台，拓展对外交流合作；以综合保税区为平台，引领外向型经济发展。
五项任务	创新对外开放体制机制，建立推进特色产业开放合作机制，推进能源领域开放合作，提高对外开放支撑保障能力，构建和谐稳定社会环境。
五大开放合作领域	经济贸易，能源开发，科技教育，文化旅游，金融投资。
八大基地	国际旅游目的地，国家大型综合能源化工基地，西部地区承接产业转移基地，清真食品和穆斯林用品集散地，区域战略性新兴产业基地，特色农产品生产加工基地，新亚欧大陆桥重要的物流中转基地，中阿合作人才培训基地。

新闻发布会

建设任务

2012 年 10 月 19 日，2012 宁洽会暨第三届中阿经贸论坛总结表彰和宁夏内陆开放型经济试验区、银川综合保税区启动大会在宁夏人民会堂举行，标志着宁夏内陆开放型经济试验区建设正式拉开了序幕。根据试验区规划要求，围绕试验区发展思路，确立了“8+1”的近期重大建设任务（即八项重大任务，一项重点领域改革和重大政策突破），涵盖了产业、园区、平台、通道和政策环境五个开放领域，力图尽快打造试验区的最小子系统，积累经验、以点带面，推动试验区整体建设健康有序开展。

1. 举办中国－阿拉伯国家博览会

充分发挥宁夏作为中国最大的回族聚居区与阿拉伯国家和穆斯林地区具有较强的关联性和互补性的人文优势，通过建立健全由国务院领导牵头、外交部、商务部、中国贸促会等主办单位领导共同参与的博览会领导组织工作机制，“中阿共办、部区联办、民间协办”的办会机制，以及国家领导人出席会晤的工作机制，通过举办开幕大会和主宾国系列活动，围绕农业合作、金融投资、能源及新技术、文教旅游和综合五大版块，全面加强中阿政治、经济、社会领域的交流与合作，搭建我国和阿拉伯国家及穆斯林地区各领域务实合作的战略平台。

2. 建设试验区核心区

充分发挥银川市作为宁夏首府城市、地区生产总值占全区50%的突出作用，编制试验区核心区建设总体规划，建立推进核心区管理体制，制定核心区建设支持政策，把银川滨河新区建设成为集生态旅游、现代产业、高端服务业为一体的特色功能园区，把阅海湾中央商务区建设成为总部经济、现代金融、创意产业、商务会展等现代服务业集聚发展的高端商务区，打造西部内陆地区对外开放门户新区和西北地区重要的经济增长点。

俯瞰阅海湾中央商务区

3. 建设对外开放通道

充分发挥宁夏作为中国通往中东、中亚最便捷的陆空通道优势，加快银川国际航空枢纽建设，积极推进航权开发利用，开辟银川至中东、中亚、东南亚地区的国际客运货运航线，开工建设银川河东机场三期扩建工程，组建宁夏货运航空公司，争取国家支持扩大空域资源，畅通面向阿拉伯国家和穆斯林地区的空中通道。强化惠农、银川、中宁陆路口岸服务功能，争取国家批准启运港退税政策，开工建设石嘴山陆港经济区飞地物流园、工业园，制定石嘴山陆港经济区支持政策。争取尽快开工建设甘塘至武威南铁路增建二线工程，启动太中银铁路银川至定边前期工作。加快推进京藏高速、青银高速改扩建工程建设，推进西线高速公路银川至中宁段、东线高速盐池至红井段建设。编制完成银川市综合交通运输规划，推动宁东能源化工基地、河东机场、银川综合保税区以及惠农陆港、银川开发区陆路口岸、中宁陆路口岸便捷互通，打通东向出海、西向出境、北边外蒙、南接腹地的陆海通道。

4. 建设宁东能源化工基地

充分发挥宁夏煤炭探明储量高达460多亿吨、宁东煤田作为中国13个重点发展的亿吨矿区的资源优势，加快推进中石油宁夏分公司1000万吨炼化项目、神华宁煤400万吨煤炭间接液化和100万吨烯烃项目、宁东－浙江特高压直流输电工程项目建设，加大国际招商引资工作力度，着力推动宁阿能源合作取得突破，把宁东能源化工基地建设成为国家级煤炭基地、煤化工产业基地、“西电东送”火电基地和循环经济示范区，以及国家大型综合能源化工生产加工转化基地和战略储备基地。

5. 建设中国（吴忠）清真产业园

充分发挥宁夏作为中国清真食品穆斯林用品产业基地和 10 大优良牧场、12 个商品粮生产基地的优势，编制产业园发展规划，打造研发设计、产品交易、检测中心和储备中心等公共服务平台建设，加强区域合作与国际交流，推进清真产品认证标准体系建设，制定清真产业园支持政策，打造我国重要的清真食品穆斯林用品产业集聚区。

6. 建设国际旅游目的地

充分发挥宁夏集大漠风光、塞上江南、西夏文化、回乡风情于一体的旅游资源优势，编制旅游目的地建设总体规划，加强旅游基础设施建设，打造精品旅游线路，制定穆斯林旅游服务标准，争取便捷的出入境政策，建立中阿旅游交流合作机制，组建宁夏旅游集团公司，建设宁夏沙坡头旅游经济开发试验区，打造特色鲜明的国际旅游目的地。

鸣翠湖风光

银川综合保税区鸟瞰

7. 建设银川综合保税区

充分发挥综合保税区在发展外向型经济方面具有的政策优势，加快综合保税区基础设施建设，确保封关运营；完善综合保税区出入境通道，完成综合保税区产业发展规划，出台综合保税区管理办法和支持政策，吸引重点项目落地开工建设，把银川综合保税区建设成为具有清真特色和地方优势的出口加工区，中阿经贸合作高效、便捷的对外贸易服务平台，集保税物流、加工服务于一体，面向阿拉伯国家及世界穆斯林地区的开放先导区。

8. 建设贫困地区开发开放、扶贫与环境保护结合的示范区

多途径推动贫困地区开放开发、扶贫与环境保护结合的示范区建设，依托固原经济技术开发区建设和六盘山生态文化旅游度假区，加快建成以扶贫开发、生态文明建设、文化旅游为一体的开发开放示范区，探索贫困地区开放开发新路径。

9. 推动重点领域改革和重大政策突破

充分发挥宁夏作为中国西部少数民族地区享受西部大开发相关优惠政策的优势以及国家赋予的“先行先试”政策机遇，制定出台优化试验区投资发展环境的政策文件，深化审批制度改革，进一步改革开放型的经济体制，进一步清理不合理的收费项目；积极争取国家政策出台更加优惠的金融、财税和土地政策，配套出台相应的地方优惠政策，构筑试验区政策组合优势，打造西部最优、比东部更优的发展环境。

自 2010 年以来，中国－阿拉伯国家博览会（原宁洽会暨中阿经贸论坛）已成为中国与阿拉伯国家及其他穆斯林地区进行政治对话、经贸合作、文化交流于一体的综合性平台，在国际上产生了广泛而深刻的影响，得到了包括阿拉伯国家及其他穆斯林地区在内的丝绸之路经济带主要国家的广泛认同，国家已将中阿博览会作为推进中阿务实合作的关键平台。

第九章

中阿博览会

- 服务外交
- 推动发展
- 人文交流
- 提升形象

自 2010 年以来，中国－阿拉伯国家博览会（原宁洽会暨中阿经贸论坛）已成为中国与阿拉伯国家及其他穆斯林地区进行政治对话、经贸合作、文化交流于一体的综合性平台，在国际上产生了广泛而深刻的影响，得到了包括阿拉伯国家及其他穆斯林地区在内的丝绸之路经济带主要国家的广泛认同，国家已将中阿博览会作为推进中阿务实合作的关键平台。

中国－阿拉伯国家博览会
معرض الصين والدول العربية
CHINA-ARAB STATES EXPO

中阿博览会是加强中国与阿拉伯国家及其他世界穆斯林地区全面合作的重要平台。

服务外交

高层往来日益密切

几届大会以来，先后邀请了24位中外政要，253位中外部长级官员，104位外国驻华使节，70多个国家、地区和国际机构，46家大型商协会，6200多家大中型企业和金融机构的代表以及3.7万多名参展商、采购商出席大会。

公共外交广泛开展

以博览会为纽带，中阿政府、企业、民间的友好交往不断深化。2013中阿博览会期间，约旦、巴林、伊拉克、苏丹、马来西亚、尼日利亚等6个国家和云南、广西、陕西等多个省区开展了本国、本省区投资推介活动，博览会正在成为国内各省区同阿拉伯各国开展交流合作的重要平台。

务实合作不断深化

国家各有关部委围绕贸易、文教、旅游、出版、广播电视等领域，与阿拉伯国家签署了多项中阿合作协议。2013中阿博览会期间，商务部举办了中国—海合会国家经贸论坛，得到海合会成员国的积极响应，海湾6国中有5个国家的商务官员出席会议，为中海共同主办进行了预热。中国贸促会和阿拉伯国家商会共同发起成立了中阿贸易争端解决咨询委员会。

专业论坛成果丰硕

几年来，先后举办中阿能源合作、农业合作、金融合作、基础设施投融资合作等各类专业论坛100多场，形成了一大批对中阿关系发展具有深远影响的思想产品。在中阿博览会的带动下，国内外研究中阿关系的专家学者越来越多，研究领域也正在从政治、人文等传统领域逐步向金融、能源、农业等经贸领域拓展。

发展资源不断聚集

2013中阿博览会期间，国内27个省 、自治区、直辖市及香港特别行政区政府代表团，商务部、贸促会、外交部、工信部、财政部等21个部委代表团来宁参会，博览会41项活动中有19项实现部区联办，为进一步争取国家支持、加快自身发展、推动区域合作创造了大量无形资源。

中国与阿联酋进一步加强重点领域的投资与合作。

商务投资论坛暨项目对接会
منتدى الإمارات-الصين للاستثمار ومؤتمر
nt Forum & Projects Matchmaking Conference
le's Republic of China (MOFCOM)
f International Trade (CCPIT)
nited Arab Emirates
ui Autonomous Region
主办单位：中华人民共和国商务部
中国国际贸易促进委员会
阿拉伯联合酋长国外贸部
宁夏回族自治区人民政府

推动发展

投资规模持续扩大

几届博览会以来，先后签订各类项目协议 636 个，合同投资累计达到 3558 亿元，合作项目从石化、轻工向金融、机械制造、家电和汽车组装等领域发展。前三届中阿经贸论坛签订的 478 个项目目前已到位资金 622.25 亿元。2013 中阿博览会合同投资达到 1059 亿元。

农业“走出去”

战略迈出新步伐 2013 中阿博览会期间，自治区农牧厅与毛里塔尼亚签订了“中毛现代农业产业园”项目框架协议，11 月在毛里塔尼亚开工建设，标志着宁夏与阿拉伯国家在农业技术领域的合作取得实质性进展。

金融业发展开启新篇章

中阿产业投资基金管理公司与阿联酋 AA 投资控股集团、自治区金融办、中信银行银川分行、沙特阿拉伯王国库布集团及伊斯兰开发银行签订了中阿产业投资基金合作协议、中阿合资银行合作协议，为进一步深化中阿金融合作奠定了基础。

能源合作开辟新领域

举办两届中阿能源大会，开展了中阿能源专题展，有效地推动了中阿能源合作。2013 中阿博览会期间，宁夏宝塔石化集团与阿联酋博禄公司签订了总投资 300 亿元的人才委培协议，与科威特国家石油公司、马来西亚 BA 石化公司成功签署了 900 亿元的原油采购销售备忘录，成为本届博览会单个论坛签约金额最大的项目。

会展业发展呈现新气象

几届大会以来，展览展示面积累计达到 17 万平米，共设置展位 8700 多个，展会的国际化、专业化、市场化、信息化水平迅速提升。2013 中阿博览会展会活动成交量大幅提升，贸易总额达到 3.2 亿元人民币，通过这一平台中阿采购商、供货商签订的协议数量快速增长，会展经济带动地方经济发展的作用逐步显现。

中阿之轴夜景

人文交流

高等教育合作取得实质进展

先后举办了两届中阿大学校长论坛，柔性引进院士 12 名、海内外知名专家 51 名、全职引进博士 61 名，近 300 名宁夏学子远赴埃及开罗大学、叙利亚大马士革大学等高校求学深造，来华参加培训的阿拉伯国家官员和技术人员累计达到 1.8 万人。

旅游合作取得重大突破

2013 中阿博览会期间，签订各类旅游合作协议 39 项，总投资达 30 亿元，七家穆斯林国家旅行社与宁夏旅行社企业签订了游客互换协议，为把宁夏建成特色鲜明的国际旅游目的地和阿拉伯国家休闲度假目的地创造了有利条件。

广播电视合作不断深入

2013 中阿博览会期间，中阿双方签订了六项广播电视合作协议，并通过中阿广播电视节目技术展示活动，有力促进了中阿双方在广播电视技术设备、影视剧制作、节目传输接收等方面的交流合作。

文化交流丰富多彩

大会坚持把文化交流作为重要内容，不断创新形式，展示异国风采，促进民间交流。2013 中阿博览会取消专场文艺晚会，在中阿文化艺术展示周的四大板块 10 项活动中，来自九个国家的 40 余位艺术家联袂演出，观众达 6.3 万余人。

合作交流

品牌推广

提升形象

几届大会期间，国内外大批政府官员、专家学者、企业精英、媒体记者通过中阿博览会走进宁夏、了解宁夏，亲身感受党的民族宗教政策在宁夏的具体实践，充分展示了宁夏民族团结、经济发展、宗教和顺、社会和谐的良好发展局面。同时大批高端媒体通过大范围、高频次的深度宣传报道，全方位、多角度、深层次地向外界展示了宁夏形象。

小链接

2013中阿博览会期间，先后有英国金融时报、卡塔尔电视台、摩洛哥新闻社等22家国际知名媒体，中央电视台、人民日报等92家国内主流媒体全程跟踪报道，中央电视台首次对大会开幕式、中国一科威特足球友谊赛进行了全程现场直播，国内各大网站有关2013中阿博览会的新闻信息点击量迅速攀升，实现了宣传层次的重大突破。

宁夏位于古丝绸之路东段北道的要塞，丝路文化与黄河文明在此交织。历史上宁夏就是古丝绸之路的必经之地和商埠重镇，也是中西文化的交汇点。宁夏的产业特色鲜明、优势突出，在丝绸之路经济带建设中具有独特的区位、资源、开放、人文优势，与“一带一路”沿线国家和省区有较强的互补性，合作的空间和前景很大。通过建设丝绸之路经济带这一“战略支点”，宁夏对内对外的开放水平将得到巨大提升。

第十章

加快建设开放宁夏
打造丝绸之路经济带战略支点

- 工业领域
- 农业领域
- 服务业领域
- 大力营造发展环境
- 扩大对外开放

作为国家批准的全国唯一内陆开放型经济试验区，宁夏将全力打造丝绸之路经济带的战略支点。

工业领域

宁夏坚持轻重并举、两轮驱动，工业发展水平有了明显提升。重工业方面，宁东能源化工基地是国家重要的大型煤炭基地、煤化工产业基地、“西电东送”火电基地和循环经济示范区。最近几年宁夏加快煤化工全产业链的发展，新上了一批高、精、尖的大项目和好项目，特别是全球单体装置规模最大的400万吨煤制油项目，2016年将正式投产。宁夏已成为全国最大的煤制烯烃生产基地，具备了承接中东、中亚油气加工转化和储备的条件。轻工业方面，宁夏的纺织业起步早，是世界最大的羊绒加工和集散地，羊绒洗选、分梳技术，以及纺纱、针织水平处于全国前列。自治区依托生态纺织示范区，引进如意、恒丰等知名纺织企业，新上了一批世界最先进的纺织设备和生产线。下一步将坚持走新型工业化道路，推动工业做优做强，努力建设国家现代能源化工基地和全国重要的生态纺织基地。

农业领域

宁夏的农产品品质好、有特色、市场认可度高。自治区坚持走特色产业、高品质、高端市场、高效益的路子，大力发展设施农业、节水农业，推进农产品精深加工，农业比较效益不断提高。目前，全区枸杞种植面积近百万亩，产品远销世界各地；酿酒葡萄种植面积达 46 万亩，已建成葡萄酒庄 58 家。下一步将持续推进农业提质增效，把宁夏贺兰山东麓打造成百万亩酿酒用葡萄的产业基地，把宁夏打造成中国枸杞之都。

服务业领域

自治区围绕工业、农业抓服务业，大力推动服务业扩规模提档次，服务业的比重正在逐步提升。信息产业方面，发挥宁夏电价、气候、交通等优势，引进亚马逊、阿里巴巴、奇虎 360 等互联网巨头落户，加快建设西部云基地。文化旅游方面，大力推进文化和旅游深度融合发展，引进港中旅等旅游集团，提升旅游业层次和水平，打造了“塞上江南·神奇宁夏”的品牌。下一步将着力打造西部云产业基地、银川现代服务业发展示范区、以及西部独具特色的旅游目的地。

大力营造发展环境

近两年宁夏提出打造西部最优、比东部更优的“两优”投资发展环境，加快服务型政府建设，大力推进行政审批制度改革，有效释放了改革红利、激发了市场主体活力。

简政放权方面，2014 年以来全区行政审批事项减少 39.2%，办理时限压缩 54%，做到了让企业少跑路、少走程序、少跨门槛、少花钱。

激发市场活力方面，把深化国资国企改革与加快民营经济发展结合起来，大力推进政企分开、政资分开，组建了国有资本运营集团公司，引导和鼓励民资、外资参与国有企业改组改造，实行工商登记先照后证，全区新增注册企业、注册资本金分别增长 52% 和 103%，极大激发了全社会创业创造热情。

金融方面，出台了加快资本市场建设的意见，实施普惠金融工程、企业上市工程，浦发银行银川分行挂牌营业，华夏银行、光大银行银川分行获批筹建，新增金融机构 16 家，在“新三板”、天交所挂牌企业 63 家；开展自发自还地方债试点，成功发行地方债 55 亿元，支持社会资本发债 143.8 亿元，有效解决了企业贷款难、融资难的问题。

扩大对外开放

虽然宁夏是内陆地区，但位于中国几何中心，是国内东、中部地区通往中亚、欧洲的便捷通道，也是中国大陆承东启西的重要交通枢纽。近几年宁夏充分运用内陆开放型经济试验区和中阿博览会两个“金字品牌”，大力实施开放带动战略，加强对外开放平台建设，使宁夏从内陆腹地走向对外开放的前沿，宁夏的对外影响力越来越大，对外交流合作也越来越广泛。

一. 加快对外开放通道建设

在陆路通道建设方面，近年来宁夏的公路建设速度较快，公路密度已经达到全国平均水平，县县通了高速、乡乡通了油路。针对铁路建设滞后、速度不快和运力不足等突出问题，加大协调推进力度，开工建设干武二线，争取国家将银西铁路列入新增开工项目计划，启动客专高铁项目，宁夏回汉群众的“高铁梦”即将变为现实。下一步，将加快实施包兰铁路扩能改造、太中银和宝中铁路增建二线，争取

高端论坛

建设银郑、包新等南下北上、东进西出的快速铁路通道，融入全国快速铁路交通网络。

在空中通道建设方面，宁夏紧邻雅布赖国际航路，地处新欧亚大陆桥国内段关键节点，中西部地区经银川飞往阿拉伯国家的航班，比经北京、上海、广州的航班成本节约20%左右、时间节约5小时，是建设航空枢纽的理想位置。自治区充分利用向阿联酋开放第三、四、五航权的优势，开通了包括所有省会城市的54条国内航线，开通了银川至迪拜、曼谷、首尔、台湾、香港的6条航线以及至哈萨克斯坦的货运包机，正在筹备开通迪拜经停银川至郑州航线，推进与阿联酋航空合资组建航空公司。

在网上通道建设方面，宁夏是国家确定的“大型或超大型数据中心建设及运营”的三个省份之一，银川市是国家确定的跨境电子商务试点城市。自治区加快发展云计算、云服务等产业，开展跨境电子商务合作，与阿里巴巴集团合作共建网上丝绸之路，使宁夏的特色产品通过网络走向了全国、走出了国门。下一步将加快建设西部云基地、国家战略数据安全储备地，争取国家支持建设中阿信息港，与更多的丝路沿线国家实现网上互联互通。

2012年9月10日国务院正式批准宁夏建立内陆开放型经济试验区，同时设立银川综合保税区。

二. 加快内陆开放型经济试验区和银川综合保税区建设

自治区充分发挥先行先试政策优势，争取国家有关部委在金融、航权、进出口等方面出台了一些特殊政策。在银川综合保税区积极探索“一区多园”模式，建立贸易投资便利化工作机制，复制推广上海自贸区的成功经验。保税区建成一年时间，就吸引了21个项目、37家企业进驻，成为全国获批、建成、见效最快的保税区。去年综合保税区进出口额在全国41个综保区中排名第11，在中西部13个综保区中排名第4。2015年，提出将宁东能源化工基地、银川综合保税区、滨河新区、生态纺织产业示范园、银川空港物流园区打捆整合、集聚发展，争取成立国家级经济开发新区，引领带动更高层次的对外开放。

三. 务实办好中阿博览会

自治区充分利用中阿博览会这一平台，既坚持扩大与阿拉伯国家的交流合作，也积极面向世界其他国家和地区开放，为服务国家外交战略、扩大向西开放做出了积极贡献。逐步形成一个国际化、市场化和法治化的营商环境，将进一步创新办会机制，突出抓好中阿工商峰会、网上丝绸之路论坛、中阿卫生合作论坛、中阿农业高端研讨会、中阿旅行商大会、中阿科技合作论坛，办好网上丝绸之路暨云计算技术和应用展、高新技术和设备展、现代农业发展暨园艺博览会、文化艺术展示周等展览展示活动，争取签约一批合作项目，努力办成务实、高效、高规格的国际性盛会。

附录

主要涉外机构

单位名称	联系电话 (0951)
宁夏回族自治区商务厅	5044952
宁夏回族自治区发展和改革委员会	5044874
宁夏回族自治区经济和信息化委员会	6038939
宁夏回族自治区工商行政管理局	5672001
宁夏回族自治区财政厅	5043487
宁夏回族自治区外事办公室	5043505
宁夏回族自治区旅游局	6728008
宁夏回族自治区国家税务局	5065769
宁夏回族自治区地方税务局	5695001
国家外汇管理局宁夏分局	5189603
宁夏回族自治区台湾事务办公室	5010303
宁夏回族自治区华侨事务办公室	5045521
宁夏回族自治区出入境检验检疫局	5052914
宁夏回族自治区外商投资企业协会	5044952
宁夏回族自治区外商投诉中心	5010854
宁夏创新经济环境投诉服务中心	6669202
银川海关	5679078

驻宁商会

单位名称	联系电话 (0951)
宁夏福建企业家协会	7869000
宁夏浙江商会	7864558
宁夏温州商会	3918111 6736739
宁夏湖南商会	5077320
宁夏陕西商会	6035757
宁夏山西商会	6082307
宁夏安徽商会	6729113
宁夏内蒙古商会	3980232
宁夏山东商会	13909577722
宁夏河北商会	6183008
宁夏银川泉州商会	6183877
宁夏甘肃商会	5676461
宁夏粤人科技工作者协会	5037908
宁夏东西部合作促进会	6010007
宁夏中外经济发展合作协会	6724902
宁夏河南商会	5154900
宁夏江苏商会	7695611 7695612
宁夏鲁宁企业联合会	3980079
宁夏南安商会	6183903
宁夏上海商会	7691002
宁夏湖北商会	5073042
宁夏东阳企业联合会	4121329
宁夏江西商会	5036756

驻外办事处

驻北京办事处

（010）64033750

北京市东城区安定门内大街分司厅胡同 13 号宁夏大厦

驻上海办事处

（021）62579713

上海市中山北路 2668 号联合大厦四楼

驻浙江办事处

（0571）86063081

浙江省杭州市江城路 469 号

驻广东办事处

（020）83355844

深圳市笋岗西路长城大厦 1 栋 B2 单元

驻福建办事处

（0592）2667381

厦门市思明区古城东路 34 号

金融机构(0951)

中国人民银行银川中心支行	5189566
工商银行宁夏分行	5029602
农业银行宁夏分行	6026800
中国银行宁夏分行	5681506
建设银行宁夏分行	4106165
交通银行宁夏分行	6916799
招商银行银川分行	5156583
中信银行银川分行	7630211
宁夏银行宁夏分行	5058861
黄河农村商业银行	6021427
邮政储蓄银行宁夏分行	6920851
国家开发银行宁夏分行	5695815
农业发展银行宁夏分行	6036124

主要网站

宁夏新闻网	http://www.nxnews.net/
宁夏网	http://www.nxnet.cn/
银川新闻网	http://www.ycen.com.cn/
宁夏信息港	http://www.nx.cninfo.net/
宁夏广电网	http://www.nxtv.com.cn/
宁夏网虫	www.nx.cn

星级饭店

单位	星级	地址	电话
悦海宾馆	★★★★★	银川市金凤区贺兰山路甲 1 号	0951-5696888
银川凯宾斯基饭店	★★★★★	银川市金凤区北京中路 160 号	0951-5165888
银川国贸中心假日酒店	★★★★★	银川市兴庆区解放西街 141 号	0951-7800000
银川国际交流中心酒店	★★★★★	银川市金凤区亲水北大街 222 号	0951-6871888
虹桥大酒店	★★★★	银川市兴庆区解放西街 16 号	0951-6918888
太阳神大酒店	★★★★	银川市兴庆区北京东路 123 号	0951-7868888
吴忠红宝宾馆	★★★★	吴忠市盛元广场西侧	0953-2035288
华祺饭店	★★★★	固原市原州区政府街 7 号	0954-2067888
中卫逸兴大酒店	★★★★	中卫市鼓楼北街 2 号	0955-7017666
银川西府井饭店	★★★★	银川市兴庆区新华东街 1 号	0951-8589999
中卫红宝宾馆	★★★★	中卫市新区鼓楼最南端	0955-7069999
石嘴山星海湖宾馆	★★★★	石嘴山市大武口区	0952-2059588
民航大厦	★★★★	银川市兴庆区胜利南北街 87 号	0951-4090888
青铜峡龙海宾馆	★★★★	吴忠市青铜峡小坝古峡东街 188 号	0953-3686882
宁丰宾馆	★★★★	银川市兴庆区解放东街 6 号	0951-6028898
黄河明珠大酒店	★★★★	银川市兴庆区新华东街 520 号	0951-6036666
中银大唐酒店	★★★★	灵武市西湖公园内	0951-4598888
工会大厦	★★★★	银川市兴庆区解放东街 1 号	0951-6016898
吴忠宾馆	★★★★	吴忠市裕民西街 5 号	0953-6522333
盐池福海大酒店	★★★★	吴忠市盐池县盐林路	0953-6024666
昊王国际饭店	★★★★	银川市得胜工业园新胜西路北 3 号	0951-8079456

市民热线(0951)

自治区政务服务中心	6892600
安全厅安全举报电话	96000
报时电话	12117
城管服务热线	12319
查号台	114
城区政府公益服务	96123
法律援助服务热线	12348
附属医院急救中心	96999
高速公路救援热线	96958
环保投诉	12369
质量技术监督	12365
价格举报	12358
纪检监察	12388
疾病控制预防中心	95120
金融消费权益保护投诉热线	12363
交通事故	122
全国公安机关民警违纪违法举报电话	12389
纳税服务热线	12366
宁夏航空服务有限公司客户服务热线	96111
宁夏银行客服	96558
青少年维权及心理咨询热线	12355
气象预报服务	12121
宁夏人力资源社会保障电话咨询服务中心	12333
食品药品医疗器械质量投诉	12331
文化市场举报电话	12318
工商消费投诉	12315
人工信息台	160
宁夏邮政客户服务热线	11185
区有线电视服务热线	96200
运政服务热线	96779
政府专线	12345
职工维权热线	12351
保护知识产权举报、投诉服务中心	12312

图书在版编目（CIP）数据

宁夏／蔡国英主编.—北京：外文出版社，2016
(中国概况)
ISBN 978-7-119-10158-3
I. ①宁… II. ①蔡… III. ①宁夏－概况 IV. K92
中国版本图书馆CIP数据核字(2016)第088192号

主　　编：蔡国英
编　　委：徐　贺　周庆华
撰　　稿：宁夏回族自治区政府新闻办公室
图片提供：宁夏回族自治区政府新闻办公室
图片整理：韩胜利　田　瑾
文字审定：吕耀明
文图审定：张　虎
项目策划：肖晓明
出版指导：胡开敏
出版统筹：于　瑛
责任编辑：王　蕊
内文设计：一瓢文化·邱特聪
封面设计：大盟文化传播有限公司
印刷监制：冯　浩

中国概况

宁　夏

出 版 人：徐　步
出版发行：外文出版社有限责任公司
地　　址：北京市西城区百万庄大街24号　　邮政编码：100037
网　　址：http://www.flp.com.cn　　电子邮箱：flp@cipg.org.cn
电　　话：008610-68320579（总编室）　　008610-68327750（版权部）
　　　　　008610-68995852（发行部）　　008610-68995875（编辑部）

印　　刷：鸿博昊天科技有限公司
经　　销：新华书店/外文书店
开　　本：787mm × 1092mm　1/16
字　　数：45千字
印　　张：12.25
版　　次：2016年5月第1版第1次印刷
书　　号：ISBN 978-7-119-10158-3
定　　价：80.00元